中国蜜蜂资源与利用丛书

蜜蜂生物学

The Honeybee Biology

李建科　马　川　译著

中原农民出版社
·郑州·

图书在版编目（CIP）数据

蜜蜂生物学 / 李建科，马川译著 .— 郑州：中原农民出版社，2018.9
（中国蜜蜂资源与利用丛书）
ISBN 978-7-5542-1905-8

Ⅰ . ①蜜… Ⅱ . ①李… ②马… Ⅲ . ①蜜蜂 - 生物学 Ⅳ . ① Q969.54

中国版本图书馆 CIP 数据核字（2018）第 191835 号

蜜蜂生物学

出 版 人　刘宏伟
总 编 审　汪大凯

策划编辑　朱相师
责任编辑　张云峰
责任校对　张晓冰
装帧设计　薛　莲

出版发行　中原出版传媒集团　中原农民出版社
（郑州市经五路66号　邮编：450002）
电　　话　0371-65788655
制　　作　河南海燕彩色制作有限公司
印　　刷　北京汇林印务有限公司
开　　本　710mm × 1010mm　1/16
印　　张　14.5
字　　数　158千字
版　　次　2018年12月第1版
印　　次　2018年12月第1次印刷

书　　号　978-7-5542-1905-8
定　　价　118.00元

中国蜜蜂资源与利用丛书

编委会

本书作者

李建科　马　川

前 言
Introduction

了解和掌握蜜蜂的生物学特征是养蜂生产实践和开展蜂业科学研究的基础。养蜂的本质是听懂蜜蜂的语言、看懂蜜蜂的行为，根据蜜蜂的生物学习性，采取适当的管理措施，让蜜蜂健康快乐地为人类服务。同样，从事蜂学科学研究的基础也是首先要把蜜蜂养好，在实践中掌握蜜蜂的生活习性，找到研究的切入点。因此，深入系统掌握蜜蜂生物学知识是蜂业生产实践和科研的基础和源泉。本书依据国内外近年来的最新研究成果，以美国《蜂箱与蜜蜂》一书为主，结合作者生产和科研实践，翻译整理形成了《蜜蜂生物学》一书。书中采用了大量形象生动的高质量照片，使读者能一目了然地了解蜜蜂生物学的现象和本质。本书从蜜蜂种群演化、个体生物学、群体生物学系统介绍了蜜蜂生物学的重要知识，对养蜂从业者和科研工作者都具有较好的借鉴。

本书的编写得到了国家现代蜂产业技术体系（CARS-44-KXJ14）和中国农业科学院科技创新工程项目（CAAS-ASTIP-2015-IAR）的大力支持。

由于作者水平有限，在本书编写过程中可能存在一些不足，希望广大读者提出真诚的意见和建议，以便今后继续对《蜜蜂生物学》进行改进和完善。

译著者

2018 年 8 月

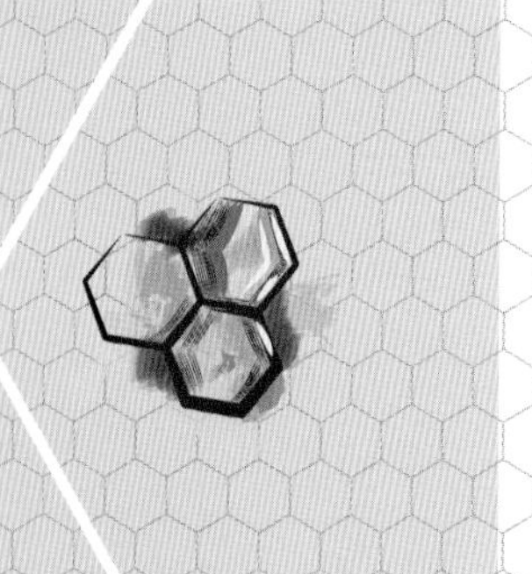

目 录

Contents

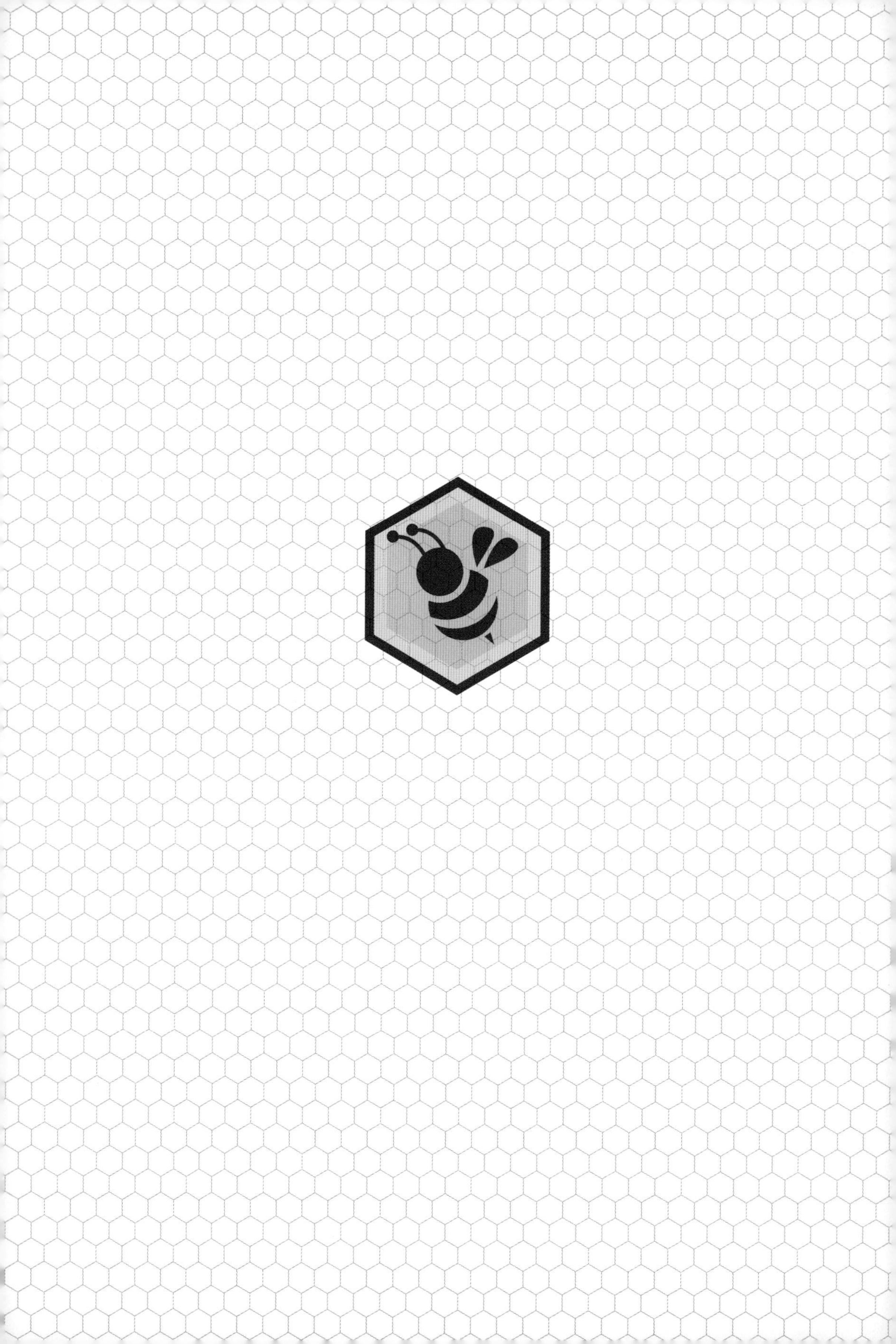

专题一

蜂群生活史

蜜蜂是世界上最为人熟知也是被研究最多的昆虫之一。千百年来，人类和蜜蜂有着千丝万缕的联系。基于养蜂业和蜂群管理中的各种手段，人类和蜜蜂已经形成了一种复杂的共生关系，这些手段得以将蜜蜂用于商业用途和科学研究。人类利用蜜蜂的能力实在惊人：人类将蜜蜂饲养在人工蜂巢和玻璃观察箱内，管理蜂群以控制分蜂、增加蜂蜜产量并避免疾病，利用蜂王人工授精来控制繁殖和培育特殊的遗传系。

蜜蜂是野生生物，能在自然环境、蜂场和研究点之间行动自如。蜜蜂适应能力极强，它们已经进化出一种复杂的生活史，使得它们的栖息既遍及欧洲、亚州及非洲的自然分布区，也包括通过人为引进的南北美洲的大部分地区。尽管人类有着相当长的养蜂历史，但并没有改变蜜蜂的生物学习性。人类对蜜蜂的成功饲养是基于对蜜蜂生活史不同层面的掌握，包括筑巢生物学、幼虫饲养、选育蜂王、信息交流、营养、疾病控制以及分蜂。因此，掌握蜜蜂生活史的知识是至关重要的，不仅有利于理解蜜蜂生物学，而且有利于发展更好的养蜂技能。

一、蜂巢结构

（一）蜂巢

蜂群的存活能力取决于其在合适的洞穴内建造和维持蜂巢的能力。虽然蜂群有时候会在外界建造裸露的巢脾（图 1–1），但绝大多数的蜂巢会建造在树木（图 1–2）、地面和人造结构的封闭腔体内。蜂巢对蜂群的成活是至关重要的，蜂巢为蜂群提供了庇护场所，并且帮助维持恒定的巢内环境，而恒定的巢内环境对蜂群功能的发挥是必需的。工蜂经常在巢房的内壁涂抹具有防风雨、抗菌性能的蜂胶，其有助于蜂群的健康[1]。

图 1–1　巢脾暴露在外的蜂巢（李建科　摄）

蜜蜂在选择筑巢位置时表现出明显的偏好性。在并列选择实验中，蜂群更喜欢体积为 30 ～ 40 升，具有位于底部、小而开口朝南的巢门的蜂巢[2]。

图 1–2 野生蜜蜂在树洞内建造的蜂巢（李建科 摄）

蜂群也喜欢高架的蜂巢，蜂群会选择离地面 3 ～ 5 米的位置建造蜂巢。相较于新建造的巢房，它们更喜欢选择已经有蜂群生活过的蜂巢，特别是里面有巢脾的蜂巢[3]。对野生蜂巢的研究表明：在蜂巢特征方面存在着极大的变异，这可能反映了在不同研究地区蜂巢位置的可用性。然而，多数报道中蜜蜂表现出的对天然巢房的偏好性与在实验过程中蜜蜂的选择偏好表现一致。例如，很多天然蜂巢的体积为 20 ～ 80 升，平均体积为 40 升，野生的蜂巢一般会建造在距地面 2 米或者更高的地方，面积较小（10 ～ 100 厘米 ^{2}），且巢门向南位于巢房底部[4]。

蜜蜂对于蜂巢选择的偏好性传达了很强的生存优势信息。在树上的高架蜂巢可以使其免受捕食者的袭击，还能很好地抵御寒冷，尤其是用蜂胶将蜂巢裂缝密封后。体积为 30 ～ 40 升的蜂巢为冬季维持巢房温度提供了合理空间，同时有足够的巢脾为冬季生存储备大量蜂蜜。巢门位于蜂巢底部最大限度地减少了对流造成的热量散失。在温带地区巢门朝南可以获得更充足的直射阳光，可以在冬季为蜂巢加温[5]。对于已被其他蜂群使用过的巢房的偏爱也有优势，因为这表明过去该位置作为蜂巢选址已经成功，已经存在的旧巢脾和蜂胶可以减轻蜂群的筑巢工作。

（二）巢脾

蜜蜂蜂巢的蜡制巢房几乎为蜂群的所有活动提供了场所，包括幼虫饲养、食物储存、蜂王生产及发生在巢房同伴中的许多不同的社会互动行为。一个典型的野生欧洲蜂群具有 4 ～ 8 个巢脾。巢脾之间彼此平行悬挂，间距约 0. 95 厘米，称为“蜂路”。蜂路使得蜜蜂在巢脾间可以自由移动，以此维持幼虫发育所需的适当的巢内温度。野生蜂巢的巢脾见图 1–3。

图 1–3　野生蜂巢的巢脾（李建科　摄）

蜂巢是真正有机的，它完全由工蜂自身分泌蜡鳞（图 1–4），并由工蜂的上颚和足加工形成六边形巢房。巢脾上的巢房结构示意图见图 1–5。有两种六边形巢房：小一些的巢房用于幼虫饲养和食物储存，大一些的巢房（雄蜂巢房）用于饲养雄蜂。雄蜂房也可用于食物储存。第三种巢房，王台，通常沿着巢脾下边缘建造，用于培育处女王。王台没有工蜂和雄蜂巢房的六边形形状，呈细长的圆锥形。王台只有在蜂王生产时期才会建造，王台数量在 2 ～ 3 个或几十个不等。工蜂和雄蜂巢房在巢脾上是固定的，数年内可重复使用，而王台则不同，在处女王孵化后，工蜂会将王台拆除。

A

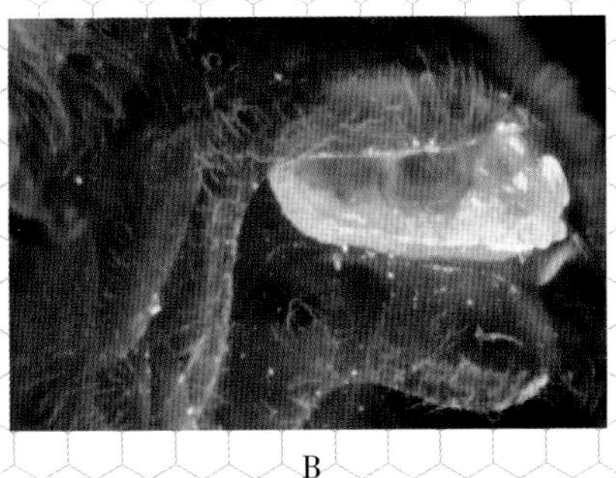

B

图 1-4　工蜂的蜡腺正在分泌蜡鳞（引自 Susan E. Ellis）

A. 工蜂腹部蜡腺分泌的蜡片　　B. 蜡腺内形成的蜡片

图 1-5　巢脾上的巢房结构示意图（李建科　摄）

建造巢脾是十分耗费精力和资源的，建造 1 千克的巢脾需要耗费 6. 25 千克的蜂蜜。绝大多数的巢脾是在蜂群第一年建成的，一个成熟的蜂巢约有 1. 2 千克的巢脾。在第一年建造蜂巢的过程中，蜂群至少要用掉蜂蜜总消耗量的 12. 5% 来建造巢脾，同时蜂群也要储备足够的食物来越冬[6]。蜜蜂不吃蜂蜡，而且在巢脾建完以后工蜂不能将其回收再用作其他用途。然而，蜂群必须建造巢脾以满足正常的生长发育。因此，工蜂严格调控巢脾的建造，并根据蜂群条件和外部采集环境小心调节造脾活动。蜂群内工蜂建造巢脾见图 1–6。但是，工蜂是如何知道应在何时建造何种类型的蜂脾的？

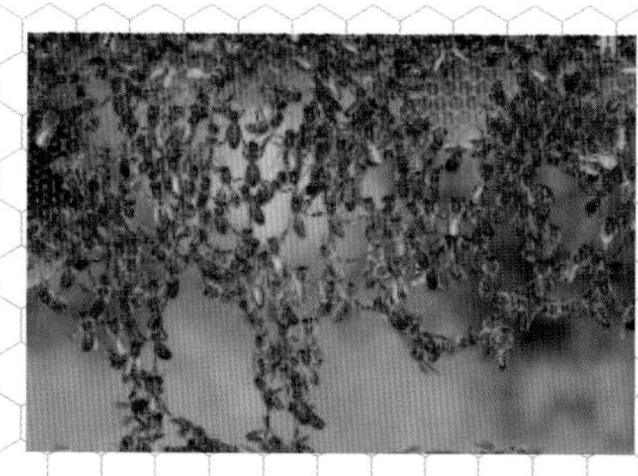

图 1–6　蜂群内工蜂建造巢脾（李建科　摄）

巢脾只有在需要时才会被建造，并且蜂群并不会立即建完所有的巢脾。当蜂群在空巢中定居后，会建造一批最初的巢脾来开始饲养幼虫和储存食物。接着在整个春天和夏天，蜜蜂会在此基础上增建一系列巢脾。在第一个季末时，蜂群已经建成了一整套巢脾。当蜂群的花蜜摄入量处于较高水平而又几乎没有足够的巢脾来储存食物时，蜂群便开始建造巢脾。这一点确保了只有在现存巢脾上的空间已全部被占满，并且在流蜜期需要额外的空间储存花蜜时，蜂群才会建新的巢脾。研究也发现，当花蜜摄入量和巢脾全满时需要建造新脾，仅持续的花蜜摄入也足以保持造脾行为。这使得蜂群在整个大流蜜期都可以造脾和储蜜，尽管造脾量超过了花蜜储存量，即暂时可能会有空置的巢脾增加，但是，这样的方法使得蜂群避免了错失储存越冬所必需的蜂蜜的时机。

工蜂也可以调控建造的巢房类型。当蜂群在新的蜂巢定居时，蜂群只建造工蜂巢房。这使得蜂群可以快速开始幼虫饲养和食物的储存，以便扩大蜂群规模和储存越冬需要的食物。在成熟蜂巢中，工蜂巢房一般占75%～85%。雄蜂巢房只在蜂群变得更大和更成熟时，在巢脾边缘处建立。由于不同的蜂巢和蜂群年龄、生长状况的变化，雄蜂巢脾的绝对数量变化也较大，并且随着蜂群的年龄和发育状况而变化。尽管如此，在蜂群中总的巢脾区域内用于建造雄蜂的区域比例是非常一致的。一般雄蜂脾占总巢脾约 17%，很少会超过 25%[7]。建造雄蜂脾的数量取决于已有的雄蜂巢房的数量和存在的雄蜂巢脾数量。这样蜂群可以根据生长趋势维持一个相对固定的雄蜂巢脾比例[8]。

蜂群表现出明显的巢脾使用模式。幼虫集中位于巢脾中央的一个球形区域，花粉则储存在位于幼虫区域边上的一圈较窄的呈带状分布的巢房内，而蜂蜜储存在巢脾的上部和外围部分。这种蜂巢空间上的布置有利于组织蜂群内的劳动。幼虫在中央的聚集分布可以使哺育蜂集中进行哺育活动，同时也有利于对发育中的幼虫进行保温。食物的加工和储存主要发生在蜂巢的外围部分。让人印象深刻的蜂巢组织是如何产生的？在蜜蜂蜂群中没有中心控制，也没有任何一个蜜蜂个体知道蜂巢的全部知识。每一只蜜蜂个体仅是通过简单的“经验法则”运用局部的信息去决定做什么。蜂王倾向于在已有幼虫的巢房附近产卵，从而形成幼虫聚集区域[6]。工蜂可以在蜂巢中的任何地方储存食物，但倾向于在幼虫周围储存花粉和蜂巢上部储存花蜜[9]。食物储存的位置也是根据幼虫区域的发育情况而不断转移和重新布置的，最终形成一个成熟蜂巢的巢脾利用模式。因此，蜂群复杂组织结构的维持不依赖于整个蜂群的总体规划，而是基于每个个体简单的与生俱来的应激反应[10]。

欧洲蜂群将巢脾用于储存食物和饲养幼虫的程度与其在温带气候的生存策略有紧密联系。约 23 500 厘米 ^{2} 的巢脾组成一个成熟的蜂巢，55% 用于蜂蜜和花粉的储存，25% 用于饲养幼虫，20% 是空的[7]。大量的巢脾用于储存食物表明蜂群在冬季生存时对大量蜂蜜的需求。虽然温带的蜂群注重食物储藏多于幼虫饲养，但约有 6 000 厘米 ^{2} 的巢脾用于幼虫饲养，从而蜂群可以维持工蜂数量在 18 000 ～ 20 000 只。与此同时，这样的工蜂数量可以促进大量采集蜂数量的增长来采集和储存食物，并且确保整个冬天有足够数量的工蜂来保持巢内温度，同时在翌年可以开始幼虫饲养的劳动。

（三）蜂群密度和蜂巢聚集

自然界中野生蜂群的密度变化范围从每平方千米少于 1 群至多于 100 群不等，蜂群密度与生存状况和不同地区蜂巢的可利用性有关。蜂群在环境中的分布方式也是高度可变的，可能还反映了可用蜂巢位置的分布。但是，当巢房较富足时，蜂巢常常聚在一起。蜂群可以相距 100 ～ 200 米，有时甚至可以几个蜂群在一棵树上共存，仅靠垂直距离分开[5]。

蜂群在空间上聚集的原因并不清楚。如果蜂群发生短距离的扩散行为，在原群的附近，蜂群的聚集就会形成。然而，这看起来似乎不太可能发生，这是因为尽管有些蜂群喜欢附近的巢穴[11]，但许多蜂群喜欢从原群飞行2～5千米选择蜂巢[12]。短距离扩散会导致相关蜂群在原群附近定居，然而，遗传分析显示：聚集蜂群中的亲缘关系很低[13]。侦查蜂在寻找蜂巢位置时受那氏信息素吸引，通过气味定位先前已使用过的蜂巢[14]。因此，蜂群的聚集是因为蜂群受已经存在的蜂群气味的吸引而选择附近可利用的巢穴。

不管聚集的原因是什么，蜂群通过聚集可以提高交配效率。为了成功交配，处女王须飞出蜂巢外并找到雄蜂聚集的区域，与无亲缘关系的雄蜂交配（因为近亲交配会降低后代的存活率），然后飞回蜂巢。蜂王飞得越远，其暴露在外的时间就越长，被捕食及迷路的风险就越大。因此，通过减少近亲交配和长距离交配飞行，无亲缘关系蜂群的聚集可有助于雄蜂的聚集，进而提高交配的成功率[5，13]。

（四）巢房建造和养蜂

养蜂管理技术多是以蜜蜂筑巢习性为基础的。一个标准的兰思特罗思蜂箱有一个底部巢门，蜂箱体积为45升，与天然的蜂巢体积40升的类似。蜂路的发现对于可移动巢脾的发展是十分重要的，这样可以将蜂箱内的巢脾隔开，以避免工蜂建造蜂蜡的交叉连接阻挡巢脾间的移动。对巢房建造的理解使得巢础的发展成为可能，巢础可以确保在木制巢框内巢脾向正确的方向建造。利用工蜂喜欢将花蜜储存在幼虫区域上方的天性，使用隔王板和蜂蜜继箱可以很容易收获蜂蜜。蜂群天然的聚集特性对于在蜂场中维持蜂群的聚集是十分有利的。因此，很多养蜂技术都是围绕蜜蜂的筑巢生物学所设计出来的。对野生蜂巢和蜂群天然分布的持续研究会帮助人们不断改进养蜂方法。

二、蜜蜂的不同级型

一个蜂群包括三种级型：不育的雌性工蜂，能生育的雌性蜂王和雄蜂。蜜蜂的性别由单倍体—二倍体繁殖模式决定，受精卵（二倍体）发育为雌性，未受精卵（单倍体）发育为雄性。单倍体—二倍体的性别决定模式基于一个单基因，互补性别决定（*csd*）基因[15，16]。一个二倍体受精卵含有 2 个 *csd* 等位基因，一个来自母本蜂王，一个来自父本雄蜂。如果一个受精卵的 *csd* 基因是杂合的（具有两个不同的 *csd* 等位基因），它将会发育成为雌性。如果是未受精的卵，*csd* 基因是半合子（只从母本蜂王获得单一的等位基因），将发育成为雄性。因此，性别决定仅在于个体是否具有两个不同的 *csd* 等位基因或是只具有此基因的单一等位基因。这就是工蜂产的卵发育为雄蜂的原因。虽然一些工蜂可以激活卵巢并产卵，但它们不能交配。结果是它们只能产未受精的单倍体卵，包括 *csd* 基因的一个单一等位基因，这些卵总是发育为雄蜂。蜜蜂三型蜂的外形差异见图 1–7。

图 1-7 蜜蜂三型蜂的外形差异（从上而下为工蜂、蜂王和雄蜂）（李建科 摄）

csd 基因可以导致某些卵发育畸形。例如，蜂王的卵子和雄蜂的精子可能携带相同的 *csd* 等位基因。受精卵将会是 *csd* 基因的纯合子（具有相同的 *csd* 等位基因拷贝），将会孵化成为二倍体雄蜂。这样的二倍体雄蜂在孵化后不久便会被工蜂吃掉。如果将其从蜂群中转移至实验室培养，则二倍体雄蜂幼虫将会发育成成年雄蜂，但它是不育的。二倍体雄蜂对蜂群繁殖没有任何贡献且会消耗蜂群资源。因此，通过吃掉二倍体雄蜂的方式，工蜂能确保蜂群不浪费时间，只产生可育的单倍体雄蜂。另一个发育的奇怪现象发生在海角蜂上。其他蜂种的工蜂产的未受精的单倍体卵最终只能发育成雄蜂，而海角蜂的工蜂产的未受精卵可以发育为雌蜂[17]。

具有杂合 *csd* 基因的受精卵具备发育成可育蜂王或不育工蜂的潜力。雌性幼虫最终发育为何种蜂取决于其在幼虫发育时期所饲喂食物的种类和数量。工蜂饲喂幼虫一种叫做“幼虫食物”的腺体分泌物，由咽下腺和上颚腺分泌的富含蛋白质的物质。如果幼虫在整个发育过程中获得大量蜂王浆（上颚腺分泌物和糖类），它将会发育成为蜂王。如果相同的幼虫在接下来的发育期间只获得含有咽下腺分泌物加花粉、蜂蜜的混合食物，它将会发育成为工蜂。在雌性幼虫发育的前 3 天中，其兼具发育为蜂王或者工蜂的可能。从发育的第四天开始，它的发育方向已被确定。

营养物质对工蜂和蜂王级型分化的影响已被熟知近 2 个世纪，然而，这种影响的细节最近才开始被了解。在发育的前 3 天，当幼虫具有同时发育为工蜂或蜂王的潜力时，一系列的基因表达开始变得活跃。如果幼虫获得的是以咽下腺分泌物为主的食物，幼虫会维持最初的基因表达谱，发育成为工蜂。相反，如果幼虫获得过量的蜂王浆，则许多与发育成工蜂相关基因的表达量下调，而与级型相关发育为蜂王的特定基因启动，使得幼虫发育为蜂王。蜂王幼虫过量表达的基因中，有些基因能编码代谢酶类，促进蜂王生长，并可能会影响细胞对激素的响应 [18]，特别是蜂王幼虫高表达与胰岛素信号通路相关的一些基因 [19]。而在许多动物中，胰岛素信号代谢通路是一种遗传机制，在整合营养、代谢和生长方面具有核心作用。这种古老的遗传系统，在许多不同的物种中都是对营养的固有响应，且这种遗传系统已经在蜜蜂进化过程中被选中，并且整合到基于营养的级型分化机制中。级型分化也与幼虫 2 ～ 3 天发育中的保幼激素水平的差异有关。发育过程中幼虫的保幼激素水平取决于其获得食物的类型，蜂王幼虫的保幼激素含量高于工蜂幼虫。胰岛素信号基因的活性和保幼激素的水平在蜂王发育过程中遵循相似的时间进程。虽然关于这些系统间的准确关系人们并不了解，但现有数据表明在遗传和激素通路之间具有一种营养介导的联系决定级型的分化 [19]。最近，蜂王浆被证实还具有一种特殊的复合物——王浆肌动蛋白，诱导蜜蜂幼虫发育为蜂王 [20]。

无论是何种级型的蜜蜂，所有个体都经历四个发育阶段：卵、幼虫、蛹和成虫。3 天以后卵在巢房中孵化成为蛆状的幼虫，由工蜂饲喂蜂粮，长大需要经历一系列的蜕皮过程。在幼虫期的最后一个阶段，工蜂用蜡将巢房口封盖。幼虫结茧，幼虫在最后阶段通过变形，蜕皮形成蛹。蛹经历最后一次蜕皮，在此期间，蜜蜂完全变态成为成虫。之后成虫咬开封盖的蜡，钻出巢房。从卵到成虫的完整发育历期的平均时间：蜂王 16 天，工蜂 21 天，雄蜂 24 天。成年蜜蜂的发育在出房后会持续数天，在此期间虫体外壳硬化，且仍需要饲喂用以完成腺体和脂肪体的发育。

不同级型的蜜蜂寿命也完全不同。通常春季和夏季工蜂只能存活 4 ～ 6 周，但在冬季可以存活 4 ～ 5 个月。工蜂春夏季寿命短暂是能量需求和巢外采集活动伴随的被捕食风险造成的后果。雄蜂由于它们射精后会死亡，因此其寿命长短变化较大，但通常可以存活 3 ～ 5 周。因此，寿命较长的雄蜂是那些没能成功与处女王交配的。通常雄蜂只能存活一个夏季，因为在秋季工蜂会将其赶出巢房。与工蜂和雄蜂相比，通常蜂王寿命为 1 ～ 3 年，据报道，蜂王的最长寿命为 8 年[21]。工蜂和蜂王寿命的显著不同是一个值得注意的生物学现象。因为相同的受精卵同时具有发育成为只能存活 35 天左右的工蜂和寿命是工蜂 10 ～ 80 倍的蜂王！工蜂和蜂王寿命长短的极大不同给人类提供了一个非常好的机会——用以研究控制衰老进程的遗传机制，事实上，蜜蜂已经成了包括人类在内的所有动物中研究衰老的模式生物[22]。

三、蜂群的年生活周期

（一）冬季蜂群

生活在温带的蜂群的生长和繁殖起始于冬季，此时存活下来的工蜂和蜂王在蜂巢内结团，以先前春夏季储存的蜂蜜为食。工蜂通过收缩飞行肌而不振动翅膀使结团内部的温度维持在约 20℃ [21]，用于产热的能量来自储存的蜂蜜。然而，如果天气太冷，工蜂无法移动到储存蜂蜜的巢脾边缘进食，即使具有大量蜂蜜储备的蜂群也会因为结冰而死亡。在冬季最冷的时期蜂群有很少或完全没有幼虫饲养，并且随着冬天降临蜂群内蜜蜂的数量也达到了最低。然而，在冬末蜂王开始产卵并准备开始幼虫的饲养。这需要工蜂将蜂群内结团内部的幼虫周围的温度提升到 34 ～ 35℃。用于冬季幼虫饲养的能量和营养来源于先前夏季期间储存的蜂蜜和花粉，以及工蜂储存在它们脂肪体中的能量。目前还不清楚是什么引发冬季幼虫的饲养，但即使蜂群被雪覆盖，幼虫饲养仍会进行。较早开始幼虫的饲养对于蜂群的生存至关重要，一旦开始，蜂群的规模快速增大，当春季来临时，才会有大量的劳动力去采集可用的花粉和花蜜。春季资源的持续充足，蜂群会一直快速增长，以繁殖分蜂达到高潮。

（二）春季分蜂

分蜂是蜜蜂社会生活行为中最壮观和神秘的方面之一。分蜂期间，大量的工蜂及老的蜂王离开原出生的蜂巢在附近的植物上聚集结团形成第一分蜂群（图 1–8）。接着侦察蜂从分蜂群中飞出去寻找新的蜂巢位置，在新蜂巢被选定后，整个蜂群变为“空降兵”并集体移动到已选择的蜂巢地点。同时，回到老的蜂巢中剩余的工蜂完成处女王的饲养，处女王可能会离开分蜂后的较小的蜂群，或者更典型的，羽化后的处女王之间斗争至死，直到最后仅有一个处女王胜出。存活下来的处女王会进行婚飞，成为老蜂巢中的新产卵蜂王。人类已经被分蜂现象深深吸引了数个世纪，而预防分蜂已是世界范围内养蜂者面临的最重要的蜂群管理问题之一。然而，人们对分蜂的认识仍然不很清楚，也没有完全理解是什么引发了分蜂，以及蜂群是如何做出蜂巢位置的选择、蜂群活动和蜂王更换等复杂的社会决策的，见图 1–8。

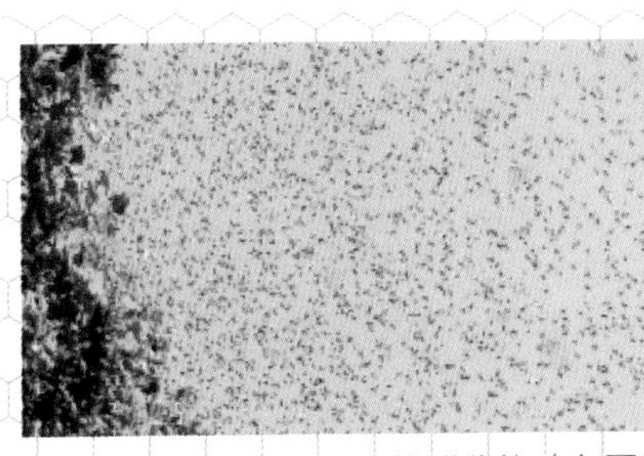

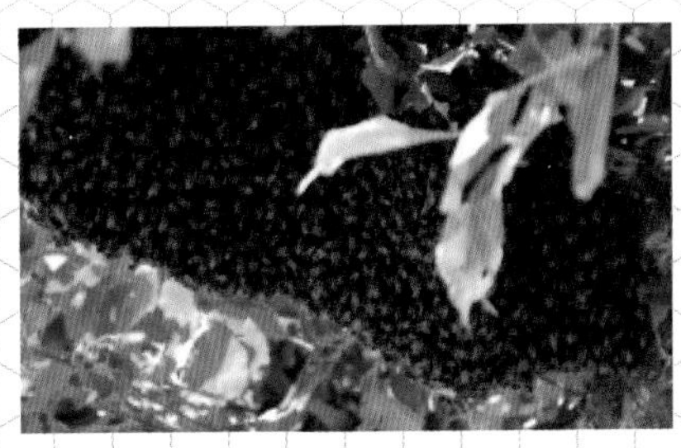

图 1–8　蜂群分蜂（左图为工蜂飞出蜂箱在天空飞行，右图为飞出蜂群结团后情况）（李建科　摄）

分蜂蜂群的时间和规模对于分蜂的成功至关重要。在温带地区，大多数分蜂发生在 4 月底至 6 月。春季分蜂是必要的，因为只有较早地分蜂群才能有足够的时间建造新巢房并积累越冬所必需的食物资源。分蜂群会经历较高的死亡率：从来没有超过 24% 的分蜂群能存活到下一个季节，通常仅有较早的分蜂群可以顺利度过它们的第一个冬季[21]。相比之下，能活过第一个冬季建立起来的蜂群平均寿命可达 6 年。因此，蜜蜂蜂群生活周期中的最主要的障碍之一是快速建立可以在第一个冬季越冬成功的蜂群，一旦建立，存活率可能会显著提高，从而形成长久的社会群体。分蜂行为的很多方面反映了蜂群处理分蜂失败高风险的适应性。例如，储存用于冬季幼虫饲养的蜂蜜和花粉导致了早期蜂群数量的增长和春季分蜂。主分蜂群和第一次分蜂群都较大（分别有 16 000 只工蜂和 11 500 只工蜂），更大的分蜂群更容易储存食物和存活下来。随后的每次分蜂，蜂群规模都会下降，且蜂群仅会生产分蜂后的蜂群能维持的幼虫和成虫[21]。分蜂群通常包含大量的年幼工蜂，分蜂群离开前工蜂大量进食蜂蜜并且开始产生蜡鳞。这使得蜂群在到达新蜂巢后快速开始巢脾建造和幼虫饲养。一些年老工蜂降低保幼激素水平和恢复哺育行为的能力更加有利于保证幼虫饲养和蜂群的快速增长。

（三）夏季蜂群

蜂群在新的蜂巢定居后，剩余的便是致力于增加工蜂数量及为越冬储存食物。每年一个蜂群会消耗 15 ～ 30 千克的花粉和 60 ～ 80 千克的蜂蜜[23]。拥有这些食物储备需要不懈的努力，需要超过上百万次的花粉采集飞行和超过 400 万次的花蜜采集飞行。此外，温带地区花粉和花蜜的采集必须在数月内完成，甚至有时仅在春季和夏季就需在几星期内完成。虽然大部分采集行为都在距离蜂巢 1 ～ 2 千米，通过采集蜂回巢后向同伴表演的摇摆舞，向同伴告知食物地点的位置以及食物质量，并召集同伴出巢去采集，同时，也会根据外界食物资源质量的变化情况重新调配出巢采集蜂的数量，利用这种高效的召集系统使蜂群食物的储存变得更为方便，见图 1–9。最终蜂群可以监测到面积在 80 ～ 100 千米 ^{2} 的食物供给情况，每天可以访问 15 个或更多的花地位置，并将采集力量集中于食物最丰富并且距离蜂群最近的位置[24]。振动信号、颤抖舞和信息素的利用进一步帮助蜂群更好地组织采集力量来增加收获更多食物的机会，来为越冬做准备。蜂蜜的储备是处在温带气候蜜蜂所面临的最大的挑战之一，而许多野生的蜂群常常在冬季因为食物短缺而饿死[21]。

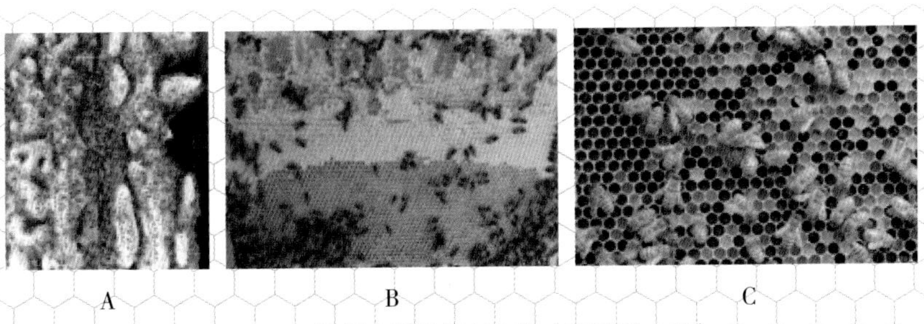

A　　B　　C

图 1–9　蜂巢内巢脾储存食物（李建科　摄）

A. 大量储蜜的蜂群　B. 蜜脾　C. 花粉脾

（四）秋季蜂群

当秋季来临时，蜂群会减少幼虫饲养，并将雄蜂从巢内赶出做好越冬准备。由于白天时间变短并且天气越来越冷，工蜂聚集在一起并消耗春夏季储存的食物。如果它们能存活下来，在冬末会开始幼虫的饲养，开始翌年的生活周期。

现代养蜂业的很多方面都基于对蜜蜂成长和繁殖生活周期的了解。蜂群成长和食物储存周年模式的知识，帮助人们通过补充食物来增加幼虫生产、决定收获蜂蜜的时机和管理蜂群控制分蜂。对蜂王培育和蜂王更换过程的了解形成了商业化蜂王生产，以及使蜂群每年更换蜂王以保持蜂群的高产卵力。蜜蜂寻找新蜂巢和选择新蜂巢的过程有利于诱捕陷阱和信息素诱导物的发展，有利于商业养蜂和爱好养蜂者抓住蜂群，也有利于捕获和移除威胁人类安全的蜂群。对蜜蜂年生活周期的不断研究，尤其是对分蜂和蜂王更换的研究，将会继续提高人们管理和控制蜜蜂的能力。

四、热带蜜蜂的生活史

西方蜜蜂的热带蜂种可以适应非洲大陆的热带和亚热带气候。与欧洲的蜜蜂不同，非洲的蜂种不会经历漫长的冬季，也不会依赖大量的储存蜂蜜来越冬。然而，非洲蜜蜂会经历更大的盗蜂，并选择更大的分蜂群和繁殖速率[5]。尽管欧洲和非洲蜜蜂属于同一物种并具有相同的社会结构，但它们在蜂群生活史和生存策略上具有显著差异。通过比较非洲蜜蜂和欧洲蜜蜂，为理解蜜蜂社会行为的适应性和进化提供了有力的方法。本专题末尾将会总结非洲蜜蜂和欧洲蜜蜂生活史差异并讨论这些差异如何影响不同蜂群的生存策略。主要会介绍非洲蜂种——东非蜂，该蜂种是非洲蜜蜂中研究得最好的蜂种，并且该蜂种在 20 世纪 50 年代被引入南美洲，之后在西半球大量繁殖。

（一）非洲蜜蜂与欧洲蜜蜂

表 1–1 总结了非洲蜜蜂和欧洲蜜蜂在营巢生物学和行为学方面的主要差异。相较于野生欧洲蜂群，野生非洲蜂群趋向更高的种群密度，喜欢巢门位于顶部并开口朝南的更小的巢穴，且更可能建造巢脾暴露在外的蜂巢。野生非洲蜂群也保留着更小的工蜂数量、建造更少的巢脾、储存较少的食物并把大部分的巢脾空间用于幼虫饲养。非洲蜜蜂在更小区域范围内采集食物，到达食物地点的采集距离更短，相比采蜜更注重采粉。

表 1-1　非洲蜜蜂和欧洲蜜蜂特征比较

特　征		非洲蜜蜂	欧洲蜜蜂
蜂群密度（蜂巢数 / 千米^2）		4 ~ 9	0.5
蜂巢特征	巢穴类型	树上或地面巢穴，通常是暴露巢脾的蜂巢	经常在空的树洞内，很少是在地面和暴露巢脾的蜂巢
	巢门	蜂巢顶部，朝南	蜂巢底部，朝南
	平均巢穴体积	17 升	45 升
	总的巢脾面积	4 000 ~ 8 000 厘米^2	23 400 厘米^2
	幼虫脾	50% ~ 80%	25%
	食物脾	16% ~ 25%	55%
蜂群盗蜂率		高（每年 48%）	低
采集特征	注重采集（花粉 / 花蜜）	花粉	花蜜
	平均（中值）采集距离	1 175 米（430 米）	2 260 米（1650 米）
	蜂群采集面积	67 千米^2	113 千米^2
蜂群生长和移动	蜂群工蜂数量	6 000 ~ 8 000 只	18 000 ~ 20 000 只
	工蜂发育时间	18.5 天	21 天
	蜂王发育时间	14 ~ 15 天	15 ~ 16 天
	工蜂寿命	12 ~ 18 天	20 ~ 35 天
	分蜂群数	6 ~ 12 群 / 年	1 ~ 3 群 / 年
	蜂群经历季节性弃巢的比例	30% ~ 100%	0%
蜂群防御行为	反应时间	1 ~ 5 秒	≥ 10 秒
	报警信息素的生产	更高	更低
	蜇针数	80 针 / 分	10 针 / 分

这些差异反映出不同的生存策略，不同的蜜蜂蜂种在不同的环境下发生了进化。为了适应寒冷的冬季并存活下来，欧洲蜂群居住在大的隔热较好的巢穴防止热量散失，并且会建造大量巢脾饲养更多的工蜂，储存更多的食物来越冬，更注重收集花蜜，建立大的蜂蜜储备。相反，非洲蜜蜂并不经历漫长的冬天，一年到头都可以采集食物[25]，因此减少了大量储备蜂蜜的需求，因而蜂巢体积更小，仅须建造较少的巢脾。非洲蜂群会经历更高频率的盗蜂，因而其会通过分蜂选择高繁殖率的蜂群，那么就需要注重幼虫饲养和蜂群生长，进而需要更多的花粉采集来满足幼虫生产的营养需求。

非洲工蜂较欧洲工蜂发育得更快，这也加快了蜂群增长速率和分蜂的速率。更频繁的分蜂使蜂群变得更小，因而有利于蜂群体积更小并建造更少的巢脾。巢门位于蜂巢顶部且开口朝南的巢穴可以防止蜂群在热带环境下过热，因为巢门位于顶部有利于对流散热，而在南半球巢门朝南可以避免更多的太阳光直射蜂巢。因此在蜂巢选择偏好、巢脾使用方式、采集行为以及工蜂发育中极其微小的差异使得西方蜜蜂的基本社会系统为适应不同的环境而做出调整产生不同的生存策略。东非蜂蜂王和其周围的工蜂见图 1–10。

非洲和欧洲蜜蜂在年生活周期上也有不同，特别是在分蜂和弃巢方面。欧洲蜜蜂必须在春季分蜂，其有利于蜂群的建立和成功越冬，而非洲蜂群具有很长的采集季节和持续不断的幼虫生产，因此会有更大规模的分蜂。欧洲蜂群每年产生 1 ～ 3 个分蜂群，而非洲蜂群则在同样的时间段内可以

图 1-10　东非蜂蜂王和其周围的工蜂（Scott Bauer　摄）

产生 6 ～ 12 个分蜂群并可能在一年里有数个分蜂季节。

欧洲蜜蜂和非洲蜜蜂在弃巢行为上表现出显著的差异，包括整个蜂群放弃蜂巢并重新选择新的蜂巢。分蜂和弃巢都涉及蜂群结团和整体移动。然而，弃巢并不是一个蜂群繁殖的过程，不涉及蜂群的分裂和新王的培育。欧洲蜂群很少会发生弃巢，而非洲蜂群的弃巢行为是众所周知的。非洲蜂群具有两种弃巢类型：干扰引发的弃巢和季节性的弃巢。干扰引发的弃巢可以在一年的任何时候发生，由捕食者的袭击造成的蜂巢地点环境的突然恶化、蚂蚁入侵以及温度过高等原因造成弃巢。而季节性弃巢发生在一年的特定时间，由于采集食物条件的恶化造成弃巢[26]。在弃巢发生的季节，蜂群 100% 会放弃一个地区。5 ～ 6 个月之后，也经常会有蜂群又大规模迁回原来放弃的地区。季节性的弃巢也是一种迁移的运动，使得蜂群可以根据由于非洲大陆季节性降水带来的外界花的丰富程度的改变，做出相应的改变。而欧洲蜂群仅会因干扰引起弃巢行为，不会发生季节性的弃巢。因为对于欧洲蜜蜂来说，没有条件可以迁移足够的距离来躲避寒冷的冬季。

因此，欧洲蜂群会选择待在原地，提前储备好越冬的食物。

非洲蜂群的季节性弃巢需要 2 ～ 4 周的时间来做准备。准备期间蜂群会停止幼虫饲养，发育中的幼虫会被吃掉，采集工作也几乎中止，蜂群会消耗掉之前储存的所有食物，化蛹的幼虫不能封盖会被吃掉[26]。最终蜂群离开后仅会留下一个空巢，工蜂的胃会将巢内可用的食物全部带走。季节性弃巢也包括一种独特的摇摆舞行为，称为迁移舞，在整个弃巢准备期间持续表演[27]。在蜂群迁移路线的途中，蜂群暂时的休息地点，迁移舞也会在蜂群表面被表演。

迁移舞和摇摆舞的不同

第一，迁移舞没有“8”字模式的摇摆舞。在完成了一次摇摆后，蜜蜂不会绕回到开始舞蹈的地点，而是沿着蜂巢向前行走到一个新的地点，开始下一次的摇摆，最终蜜蜂会在整个蜂巢跳这种迁移舞蹈。

第二，迁移舞可以交流超出蜂群正常采集范围内（25 ~ 35 千米）的信息。

第三，当有很少或没有蜜蜂飞离蜂巢的时候，蜂群就会表演迁移舞，表明它们没有刺激蜂群立刻召集其他蜜蜂。

第四，同一只蜜蜂的连续不断的迁移舞所要表达的迁移距离会变化 5 ~ 10 千米，表明迁移舞并不表达具体地点的位置。然而，迁移舞表达的方向是一致的，这个方向即为当蜂群起飞时要飞向的方位。观察发现：通过建立一个大体的飞行线路，迁移舞会帮助蜂群准备好季节性弃巢，这个作用也反映了自然迁移的过程。迁移蜂群为了寻找一个更好的采集环境可以飞行 100 千米或者更远的距离[28]。在沿途飞行过程中，蜂群会形成暂时的结团来评估周围采集环境的优劣，如果采集条件不适合，则继续朝同一方向飞行。如果蜂群不能提前对远方地区的采集环境进行评估，那么就不可能提前选择出最终要到达的目的地。弃巢蜂群通过保持在恒定方向的飞行过程中，定期地对飞行到的地点进行采样来评价周围的采集环境，直到合适的地点被发现。

非洲蜜蜂因其强大的防御性和攻击性而被人所熟知。在美洲，非洲蜜蜂蜇人的巨大刺激反应已经导致超过 1 000 例人类死亡的病例。因此这些蜜蜂又有新的绰号“杀人蜂”。与欧洲蜜蜂相比，在美洲东非蜂和它的后代会产生更多的报警信息素，并且对一定水平的干扰会增加更大的蜇刺响应。非洲蜜蜂增强的防御性是有遗传基础的，这也是其主要的特征，因为与纯的非洲蜜蜂相比，来自欧洲蜂王的第一代蜂群与非洲雄蜂交配时也表现出相同水平的防御性[29]。因而在非洲的本土环境中，在应对高频率盗蜂的过程中，很可能非洲蜜蜂增强的防御性也发生了进化。然而，非洲蜂群并不总是防御外界的。在对从非洲博茨瓦纳自然形成的 104 个东非蜂野生蜂群的观察发现，其中 65% 都没有防御行为；并且在对蜂群的检查过程中，许多蜂群会发生弃巢行为，也很少或几乎没有蜇人的情况发生[30]。蜂群水平的防御性受一系列不同因素影响，包括工蜂的数量、发育的阶段、食物储藏情况以及天气等。必须时刻小心对待非洲蜜蜂，避免在人、畜附近饲养他们。

（二）非洲蜜蜂的入侵史

在 20 世纪 50 年代之前，几个拉丁美洲国家拥有大量的欧洲蜜蜂，以及发展良好的养蜂产业。然而，欧洲蜜蜂不适应热带环境，在热带它们没能形成大的野生种群，而仅仅是通过人工饲养维持一定的数量。因此在 20 世纪 50 年代，巴西启动了一项引进能适应热带环境的东非蜂的计划。该计划目的是将引入的蜂群保种，并通过控制育种减少其不利于人工饲养的行为特点。不幸的是，这些蜜蜂逃跑并很快在野外建立成群，不断繁衍并迅速扩散[31]。

非洲蜜蜂和欧洲蜜蜂很容易进行杂交并产生可育后代。推测最初非洲蜜蜂种群数量稀少，与大量的养殖欧洲蜜蜂杂交后，在向北扩散时，这些非洲蜜蜂不好的特征会被稀释（也有可能最终被消除）。事实上情况正相反，尽管这两个蜂种杂交，但在非洲蜜蜂建立的大部分地区，欧洲蜜蜂及它们的遗传特征在 10 ～ 20 年大量消失。甚至在某些欧洲蜜蜂占绝对优势的地区，非洲蜜蜂也很快占据了统治地位。例如，当非洲蜜蜂在 1985 ～ 1986 年期间抵达墨西哥的尤卡坦半岛地区时，这里是世界上密度最高的欧洲蜜蜂栖息地之一。最初欧洲蜜蜂的数量远远超过非洲蜜蜂。然而，仅仅 12 年，欧洲蜜蜂的基因组很大程度上被非洲蜜蜂的基因组所取代[31]。在大部分非洲化的美洲地区，野生蜜蜂种群中欧洲蜜蜂基因频率很少会超过 35%，并且在持续不断的人工管理控制下，欧洲蜜蜂的特征才能得以保持。与欧洲蜜蜂的杂交，使在美洲的非洲蜜蜂遗传特性已经和它们的非洲祖先不同，因此称之为非洲化的蜜蜂、美洲非洲蜜蜂或非洲起源蜜蜂。然而，在美洲范围内，这种蜜蜂很大程度上保持着相当多的非洲遗传特征，在营巢生物学、采集行为、食物选择、分蜂活动和弃巢行为上尤为明显[31]。非洲蜜蜂入侵最大最持久的谜团之一是尽管经过50年与欧洲蜜蜂杂交并发生基因交换，其替代欧洲种群同时还能大大保持自身遗传特征的能力。

（三）导致欧洲蜜蜂被取代的因素

美洲地区非洲蜜蜂基因组的保留至少与六个因素的相互作用有关，涉及分蜂行为、交配行为、蜂王行为、社会寄生现象、生存能力以及遗传特征。

1. 蜂群增长和分蜂速率

非洲蜜蜂更注重幼虫饲养与花粉采集，因而相较欧洲蜜蜂，非洲蜜蜂蜂群增长更快，分蜂也更频繁。在热带，非洲蜜蜂蜂群每年能增长16倍，比欧洲蜜蜂的增长速率快3～5倍[32]。最终，非洲蜜蜂大量增长并很快占据了栖息地的统治地位。

2. 非洲雄蜂的交配优势

当非洲蜜蜂在一个地区繁殖时，比起欧洲雄蜂，蜂王会与更多的非洲雄蜂交配。在已入侵的地区，非洲蜂群要比欧洲蜂群更丰富，非洲雄蜂在交配聚集时出现的数量更多。交配飞行的时机可能会导致欧洲蜂王和非洲雄蜂的交配可能性更高，而非洲蜂王不太可能与欧洲雄蜂交配。而且，即使一个蜂王和数量相同的非洲雄蜂和欧洲雄蜂交配，它可能更愿意选择使用非洲雄蜂的精子来完成卵的受精[33]。总之，这些因素增加了非洲蜜蜂特征的表达，减少了欧洲蜜蜂的行为和遗传特征。

3. 换王期间“非洲父系”的优势

因为在入侵地区蜂王与欧洲和非洲雄蜂的交配，蜂群中包括非洲和欧洲的父系。当这些“混合”蜂群培育出新的蜂王，它们产生欧洲和非洲父系的处女王。非洲父系的处女王在蜂王更换过程中具有竞争优势。比起欧洲父系的蜂王，非洲父系的处女王发育得更快并且出房得更早，这使得它们更有机会去杀死还在王台里的竞争对手[34]。出房的比起它们的“姐妹”——欧洲父系的处女王，具有更出众的战斗能力。非洲父系处女王杀死更多的竞争对手，并产生更多的一阵阵的脉冲声波，这是一种与战斗胜利有关的声音信号[35]。并且非洲父系的处女王能从工蜂那里接收到更多的振动信号，更加提高了它们的存活率[36]。这样的结果是一个非洲父系的处女王更可能在蜂王淘汰过程中存活下来，变成新的产卵蜂王。因为它几乎都与非洲雄蜂交配，从而造成通过母系和父系遗传，欧洲蜜蜂特征的快速减少。

4. 蜂巢侵占

蜂巢侵占是社会寄生现象的一种类型，是指一个小的非洲蜂群入侵一个欧洲蜂群并且取代其欧洲蜂王，导致一个欧洲母系的瞬间损失。在非洲蜜蜂扩散过程中蜂巢侵占的重要性还不清楚，但它可以解释在一些地区欧洲蜂群的损失高达20%的原因[37]。尤其是较弱的和无王的蜂群更容易受到侵占，即使群势强壮的欧洲蜂群也能被替代[37]。可是，人们对非洲侵略蜂群如何选定易受影响的蜂群，躲过原蜂群的防御并用非洲蜂王代替欧洲蜂王了解得还很少。

5. 非欧杂交蜜蜂的适应性

尽管非洲蜜蜂和欧洲蜜蜂会杂交，但杂交后代的生存能力可能会降低。与非洲蜂王和工蜂相比，杂交蜂王和杂交工蜂的代谢速率更低[38]，这可能会妨碍飞行并干扰采集和分蜂。杂交工蜂相对于纯种非洲工蜂和欧洲工蜂表现出轻微的发育异常，这能够潜在危害到它们的生存[39]。适应性的降低可以对反复观察到的现象做出解释，杂交的蜂群除非被人类管理，否则往往会在入侵地区消亡。

6. 非洲蜜蜂基因的优势

一些研究已经表明某些非洲蜜蜂的遗传特征相对于欧洲蜜蜂更有优势。因此，尽管杂交工蜂携带有欧洲蜜蜂的遗传物质，他们的行为更接近于非洲蜜蜂。非洲蜜蜂的基因优势也已经在采集行为、蜂王行为、抗螨和防御行为方面得到证实[31]。总之，当非洲蜜蜂入侵到一个新的地区时，以上这些因素不可避免地导致了欧洲蜜蜂特征的丢失。尽管每个特定因素的相对重要性在地区之间有所不同，但累积的影响造成了大部分美洲欧洲蜂群被取代，以及非洲蜜蜂行为和基因特点的保留。

总之，蜜蜂生活史和生存策略的研究可以为养蜂产业的几乎任何方面做贡献，对于理解和应对美洲非洲蜜蜂的入侵也是十分必要的。虽然人们对蜜蜂生态学、生物学和进化学已经了解很多，但是仍有很多内容值得继续研究。

美国的非洲蜜蜂

在美洲，养蜂业面临的最大挑战之一是高侵袭性东非蜂的引入和扩散。自从 1956 年它被引入巴西以来，非洲蜜蜂已经繁殖到两大洲的 17 个国家。在这个范围内，其已经建立了巨大数量的野生种群并取代了欧洲蜜蜂，永久地改变了养蜂业。同时也影响了公众对蜜蜂的认识和看法。此单一蜂种在西半球繁殖的能力，是历史上速度最快和最引人注目的生物入侵案例之一[31]。至今人们依然在试图解释非洲蜜蜂入侵为何如此成功又快速。

1990 年非洲蜜蜂到达得克萨斯州，21 年间遍及了美国南部和加利福尼亚州的大部分地区。最初，非洲蜜蜂的扩散被限制在西南地区。然而，最近报道非洲蜜蜂被发现于阿肯色州、路易斯安那州、俄克拉荷马州、乔治亚洲和佛罗里达州，这表明非洲蜜蜂最终在东南地区广泛分布。目前，在美国北部还不能预测其最终的分布范围。一般假设向北扩散会因寒冷的气候而终止，但非洲蜜蜂再一次以其超强的适应新环境的能力令人们惊讶。非洲蜜蜂到达美国的时间与寄生螨、狄氏瓦螨大量杀害欧洲蜜蜂的时间一致。美国高达 90% 的野生欧洲蜜蜂死于螨虫侵害，这样就消除了采集和蜂巢地点选择的竞争，同时也减少了非洲蜜蜂和欧洲蜜蜂的杂交机会。这种生态真空毫无疑问地帮助了非洲蜜蜂在美国的蜂群建立，也会帮助其比预期的扩散得更远。非洲蜜蜂在美国的扩散速率比在拉丁美洲的扩散速率低。然而，非洲蜜蜂正在逐步取代美国绝大多数地区现存的欧洲蜜蜂[31，40]。这表明非洲蜜蜂至少最终会在美国南部占据主要栖息地，在其他地区可能也会一样。

迄今为止，非洲蜜蜂对美国经济造成的影响并没有想象中的严重，但其可能会影响授粉服务。在美国，每年由欧洲蜜蜂完成的授粉近150 亿美元。美国农业对转地养蜂的依赖逐步增长，每年有超过 100 万群蜂在全国范围内被运输用于授粉。然而，美国养蜂业现在正面临一个主要危机，近 50% 的养殖蜂群都被蜂螨和一种神秘的新疾病——蜂群崩溃综合征淘汰。很多养蜂人通过购买成箱的蜜蜂和蜂王来替代丢失的蜂群，大部分都是在南部各州生产的。用于授粉的蜂群也会在南部各州越冬。如此一来，美国农业开始变得更加依赖从南部维持和自由运输蜂群的能力。然而，南部很多州现在是非洲蜜蜂的主要栖息地。因为非洲和欧洲蜜蜂可以自由杂交，保证美国授粉所需的欧洲蜜蜂的质量变得愈加困难。如果在入侵地区越冬期间欧洲蜂群被非洲蜂群侵占，那么非洲蜂群可能会通过转地养蜂无意识地被运输到新的地区。现在还无法知道非洲蜜蜂、寄生螨、蜂群崩溃综合征、商业蜂王生产和转地养蜂之间的相互作用是如何对美国养蜂业和农业产生影响的。然而，这些事件融合所带来的后果对美国养蜂业具有潜在的显著后果。现在非洲蜜蜂是养蜂景观中永久存在的一部分，最实际的解决办法就是去管理它并应用到美国养蜂业和农业实践中去。这从长远看可以带来好处。在某些情况下，非洲蜜蜂是高效的授粉者，并且比欧洲蜜蜂对螨虫的抗性更强[31]。

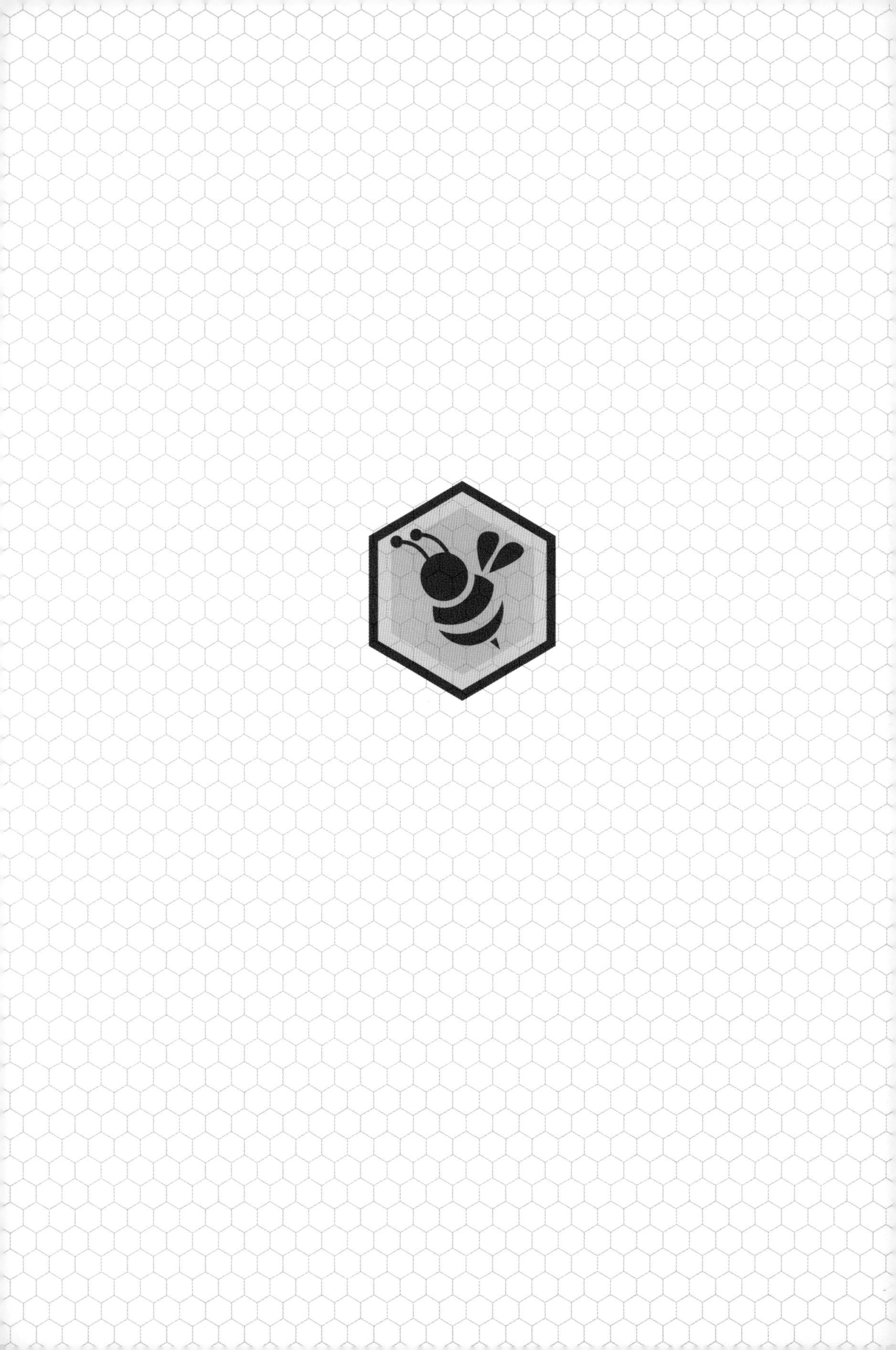

专题二

蜜蜂解剖学

想要更好地了解各种生物体，必须研究它们的身体构造、功能以及个体发育过程。蜜蜂是完全变态昆虫，由卵细胞（受精卵或未受精卵）经历卵、幼虫、蛹和成虫四个阶段，最终发育成具有复杂器官和组织的个体。如果想要和蜜蜂科学家或爱好者更好地交流，必须了解蜜蜂解剖学背景知识和名词术语。世界上研究蜜蜂解剖学最早的科学家是R．E．Snodgrass，他的著作《蜜蜂解剖学》（1946）已经成为研究蜜蜂的经典之作，后来的学者都是在这本书的基础上不断革新的。本专题将详细论述蜜蜂各个组织和器官的构造、发育过程及它们形成的调控系统。

一、个体发育

（一）卵

蜂王和工蜂的卵巢由细长的卵巢管组成。蜂王每个卵巢含 100 ～ 180 条卵巢管，而工蜂每个卵巢含有的卵巢管数少于 10 条。蜂王和工蜂卵巢管数量（及相应的繁殖能力）的明显差异是由幼虫发育过程中卵巢组织的程序化细胞死亡引起的。蜂王的两个梨状卵巢位于腹部前侧，卵巢管的前端为细线状，黏附在一起，位于腹部前端的腹面。卵巢管由前到后直径逐渐增大，末端含有处于连续发育阶段的两种类型的细胞：卵母细胞及伴随的滋养细胞，数量很多。卵母细胞比滋养细胞大，它通过两次有丝分裂发育成卵细胞。滋养细胞又称伴随细胞或助细胞，为卵细胞发育提供营养和大分子物质，如蛋白质和核糖核酸。统计发现，每一个卵细胞周围大概有 48 个滋养细胞。卵子发育需要从血淋巴中吸收大量的卵黄原蛋白。在卵黄发生期，脂肪体合成大量的卵黄原蛋白并分泌到血淋巴中，通过一层滤泡上皮细胞输送到卵巢，为发育中的卵母细胞摄取。包括蜜蜂在内的昆虫中，这种滋养细胞和卵母细胞交替排列的卵巢管形式被称为多滋卵巢管。在雄蜂体内，精原细胞经过两次有丝分裂形成精子。精子呈丝状，长 250 ～ 270 微米[41]。

成熟的卵子经输卵管排到生殖器通道或生殖腔中，生殖腔与受精囊相连，蜜蜂受精囊中储存着大量蜂王和雄蜂交配时注入的精子。受精开始时，蜂王通过特殊机制调控精子通过卵孔进入生殖腔。受精的卵细胞呈双倍体，发育成工蜂，未受精卵呈单倍体，发育成雄蜂。但是单倍体、二倍体本身并不能决定蜜蜂的雌雄。性别决定理论表明雄蜂产生的双倍体精子基因组没有多样性，因为它们是简单的单倍体复制，即使有双倍体卵存在，等到它们发育到幼虫就马上被哺育蜂咬死。目前，通过基因组学已经证实蜜蜂性别决定是由单位点控制的。

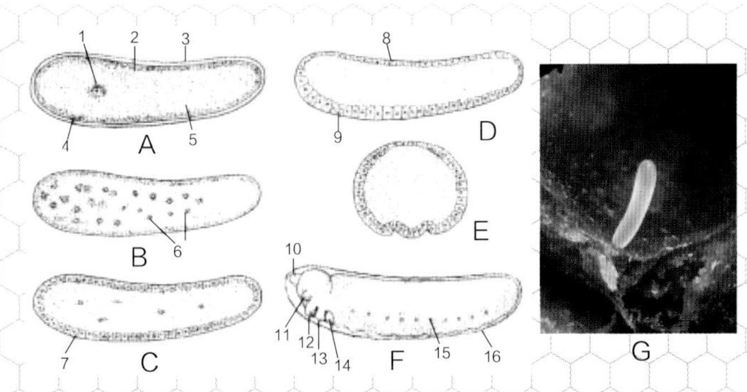

图 2-1　蜜蜂胚胎的早期发育（A ~ F 图 引自 Snodgrass，G 图李建科　摄）

A. 绒毛膜内卵的纵切面　B. 卵黄内的分裂细胞　C. 胚盘的形成　D. 胚盘分化形成厚的腹面胚带和薄的背面胚盘　E. 卵的横剖面　F. 幼期胚胎，展示早期头部的分化　G. 蜜蜂真实的卵

1. 细胞核　2. 卵黄膜　3. 绒毛膜　4. 周质　5. 卵黄　6. 分裂细胞　7. 胚盘　8. 背面胚盘　9. 胚带　10. 上唇　11. 触角　12. 上颚　13. 第一个下颚　14. 第二个下颚　15. 气孔　16. 卵膜

蜂王刚产的卵细胞肉眼可见，长度为 1. 2 ～ 1. 5 毫米。胚胎的下表面微微突起。受精卵内包含细胞质和营养物质或者卵黄。之前普遍认为昆虫卵黄是从滋养细胞获得的，但近几年研究表明昆虫卵中的卵黄是由大量的蛋白质组成，这些蛋白质由外部的脂肪体产生并通过内吞作用由血淋巴运输到卵母细胞 [42]。卵壳中的卵由一层易碎的非细胞卵黄膜覆盖，称为细胞

质外皮层。包含遗传物质的细胞核靠近卵的前端。蜜蜂胚胎的早期发育图见图 2–1。

（二）幼虫

观察发现，从产卵开始经过 3 天，胚胎会发育成完整的幼虫（图 2–2）。但也有科学家认为，个体发育存在差异，66 ～ 93 小时都有可能是胚胎到幼虫的发育期[43]。幼虫发育需要五个阶段，每一个阶段都经历一次蜕皮，而且它们就待在巢房中吃工蜂喂的食物，基本不活动。因为蜜蜂幼虫期主要的任务就是通过多吃来加快发育，为了满足需求，它形成了一个几乎和身体同长的圆柱形中肠囊，取食后经过很短的食管直接到达中肠。中肠的后边连接的是后肠，代谢物从后肠排出体外。中肠和后肠连接处延伸出 4 条马氏管，在巢房封盖前，中肠和马氏管是幼虫代谢物的主要储存部位，随着分泌物增加，马氏管由细变粗。封盖后两者成为营养物质吸收和交换

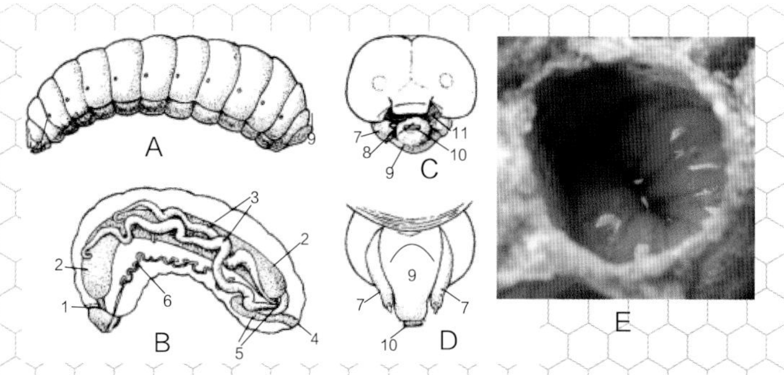

图 2–2　蜜蜂幼虫（A ~ D 图 引自 Snodgrass，E 图李建科　摄）

A. 成熟幼虫　B. 幼虫的内部形态　C. 幼虫头部正面观　D. 幼虫头部底面观

E. 巢房里的幼虫

1. 口道　2. 中肠　3. 马氏管　4. 肛门　5. 后肠　6. 丝腺

7. 下颚　8. 舌　9. 下唇　10. 吐丝器　11. 上颚

的场所。产卵开始的第 11 天，工蜂经历最后一次蜕皮，由幼虫发育成蛹，雄蜂是在第 14 天发育成蛹。

幼虫的结构特点

头部很小，其顶端能看见圆盘状结构，将来发育成触角；身体包括 13 个部位，胸部和腹部与卵期相似；在两个上颌骨之间是产丝的腺体，最后形成吐丝管，吐丝管叶由咽下部位和后唇末端连接处发育而来。

（三）蛹

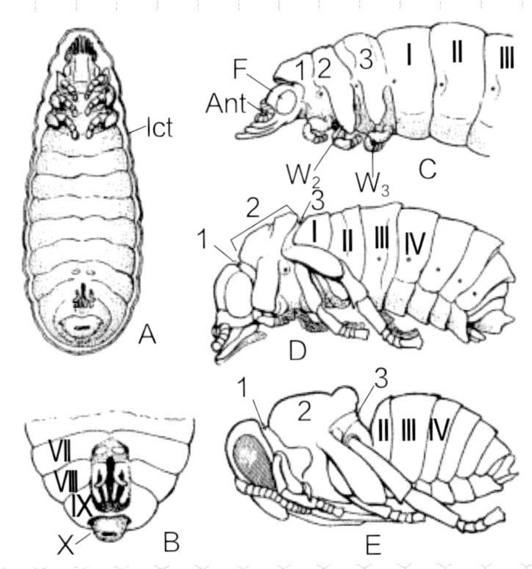

图 2-3　蜜蜂的蛹（引自 Snodgrass）

A. 未蜕皮的蛹　B. 幼蛹的末端　C. 幼蛹的头部　D. 较成熟的幼蛹　E. 成熟蛹

Ant. 触角　F. 复眼　Ict. 幼蛹表皮　W_2. 前翅　W_3. 后翅

Ⅰ～Ⅹ. 第 1 至第 10 腹节　1. 前胸　2. 中胸　3. 后胸

蛹期，触角、足和翅膀都开始发育，而且复眼和成年蜜蜂的口也清晰可见，见图 2–3、图 2–4。和幼虫期相比，胸部（包括前胸、中胸和后胸三部分）特征没有明显变化，胸部和腹部也没有收缩，但腹部末端蜇针的雏形已经可见。随着日龄增加，中胸逐渐变大，前胸和后胸缩小，但胸部和腹部仍然没有完全分开。进一步发育，大日龄蛹的外形基本和成虫相似，胸部和腹部完全分开。仔细观察，可以看见胸部通过被压缩的第一和第二腹节与腹部相连，因此第一腹节被称为并胸腹节或前伸腹节。

（四）成虫

接下来是蛹后期，蜜蜂的外形轮廓不再发生明显变化。主要是通过细胞凋亡和分化形成不同于幼虫的新的组织和器官。比如前面说到的触角、足和翅膀，在整个幼虫期和蛹前期都没有明显变化，直到蛹后期才形成与成虫一样的结构。前体神经细胞也逐渐发育成完整神经系统。目前对双翅目和鳞翅目昆虫蛹后期组织水平的变态发育过程研究较多，膜翅目昆虫相关研究较少。其中有研究者利用 5– 溴脱氧尿苷标记的 DNA 分子对蜜蜂脑中神经细胞进行定位，研究神经系统的发育过程 [44]。等到蜜蜂完全发育，它会咬破蜡盖、爬出巢房，即羽化成为一只成虫。

蜜蜂个体的发育进程

蜜蜂个体的发育是从细胞分裂开始的，这种分裂连续进行。分裂的细胞迁移到外部细胞质中，在受精卵表面形成一层细胞，这层细胞构成了胚盘，之后胚盘中部变厚形成胚带。而反面的胚盘背部逐渐变薄。胚带是胚胎的起始，它的边缘在卵的末端周围向上生长，胚盘变薄的背部缩短最后消失。此时的胚胎壁是完整的，但内部没有形成器官，躯体部分在胚胎早期已经很明显。在此阶段外部的外胚层从胚带脱落，被称为卵膜。

然后，胚带开始在卵周围向上生长，分化成一对侧板和一个中部腹板。腹板伸入卵中，侧板的下端在腹板下面与其交汇。侧板后来发育成昆虫的体壁表皮，其分泌角质层。腹板成为中胚层，进而发育成肌肉、脂肪体心脏以及内部的生殖器官。蜜蜂和多数昆虫的肠包括前肠、中肠和后肠，中肠由内胚层细胞发育而来，其中的卵黄是胚胎发育的营养物质。

和其他动物类似，蜜蜂的神经系统由外胚层发育而来，具体说是胚胎腹部的细胞形成，发育开始形成的只是一些单个神经细胞，神经细胞聚集成神经节，表面包有一层结缔组织膜，其中含血管、神经和脂肪细胞。被膜和周围神经的外膜、神经束膜连在一起，并深入神经节内形成神经节中的网状支架。由节内神经细胞发出的纤维分布到身体有关部分，称节后纤维。按生理和形态的不同，神经节可分为脑脊神经节（感觉性神经节）和植物性神经节两类。脑脊神经节在功能上属于感觉神经元，在形态上属于假单极或双极神经元。植物性神经节包括交感和副交感神经节。交感神经节位于脊柱两旁。副交感神经节位于所支配器官的附近或器官壁内。在神经节内，节前神经元的轴突与节后神经元组成突触。神经节通过神经纤维与脑、脊髓相联系。

蜜蜂呼吸系统是有氧呼吸的基础，也是由外胚层细胞内陷的管状气管网络组成的。整个呼吸系统由气门和气管组成，蜜蜂的呼吸是直接由胸部和腹部两侧的气门吸进空气，经气管主干到达气囊，再由气囊到达支气管，进入全身的毛细管，毛细管伸入组织的细胞间，将氧气供给细胞。这种开放式的呼吸方式弥补了血淋巴不能携带氧的缺点。

外形上，胚胎已经分化成头和身体两部分，其中头部包括上唇、触角、上颚和两对由小叶构成的下颚。但是此时的胚胎表面并不包含翅膀和足等器官，因为它们还隐藏在表皮下面没有发育。胚胎两边各有 10 个气孔（后脑 1 个，中胸 1 个，腹部 8 个）用来呼吸。

二、蜜蜂成虫结构

和其他昆虫相同，成虫是蜜蜂发育的最后一个阶段。外形和身体结构已经和前几个阶段完全不同，所以它需要进化出特殊的组织器官以及代谢机制。研究发育，必须了解这些独特组织器官的构造、调节方式以及蜜蜂和其他昆虫的不同点。

从外形上看，很多昆虫都有相同的结构：身体分为头、胸、腹三部分，头上有一对触角，腹部有两对翅膀和六条腿。但是蜜蜂体毛发达，体毛结构就像荆棘，每一个主干上有很多分支，这对于保温和采粉都有重要作用。头部主要包括触角、复眼和取食相关的器官，蜜蜂取食器官有点像蝗虫和蟋蟀的口器，但也有差异，确切地说是更发达，因为它的取食器官不仅可以吃固体食物（如花粉），也能吃液体食物（如花蜜）。胸与头几乎同样宽，通过细长灵活的颈部相连，分前胸、中胸、后胸和并胸腹节四部分；两对膜质翅，前翅大，后翅小，前后翅以翅钩列连锁，分别位于中胸和后胸处；前胸、中胸、后胸各有一对足，胸部肌肉发达，是蜜蜂主要运动部位，后足为携粉足。腹部近椭圆形，体毛较胸部为少，腹末有螯针（也叫尾针），是由卵巢退化发育而来，功能由产卵转变为注射毒液。工蜂的外部形态见图 2-4。

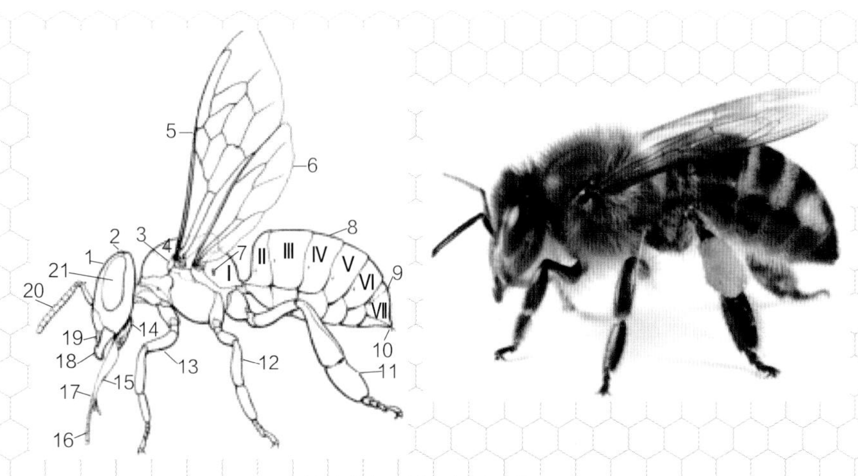

图 2-4　工蜂的外部形态（左图引自 Snodgrass）

1. 头部　2. 单眼　3. 翅基片　4. 胸部　5. 前翅　6. 后翅　7. 气门　8. 腹部　9. 气门　10. 螯针　11. 后足　12. 中足　13. 前足　14. 下唇　15. 下颚　16. 中唇舌　17. 喙　18. 上颚　19. 上唇　20. 触角　21. 复眼　Ⅰ~Ⅶ. 第 1 至第 7 腹节

三、蜜蜂的头、触角和取食器官

蜜蜂的头由坚硬的脑壳包围，外带四个附属结构：触角、下颚、上颚和唇基。其中下颚和下唇形成取食液体食物的喙。头部还有视觉系统，包括一对复眼和三对单眼。

（一）头部结构

从正前方观察，蜜蜂头部呈三角形，两侧各有一只复眼，单眼位于头部后边。触角基本位于头部的正中间，触角下边是唇基，唇基下边是上唇。唇基和上唇两侧相连的下上颚，上颚正下方是下颚和喙，两者较长，而且延伸到头部深处，是蜜蜂吸食花蜜的主要功能部位。分开头部和身体后，可以看见中空的椎间孔，它是食管、神经、血管、气管、唾液管连接头和身体的通道。椎间孔下边是马蹄形的凹槽，上面说的下颚和喙就延伸至此。

（二）触角

触角位于蜜蜂脑部中心区域，生长在头部额区膜质的触角窝中，可以自由移动。分为柄节、梗节和鞭节，鞭节最为灵活，也是触角行使感觉作用的主要部分，主要是嗅觉作用，其次为触觉作用。性别不同，它们触角的长短、粗细和形状各不相同，蜂王和工蜂触角共 11 节，雄蜂触角共有 12 节，但是雄蜂触角比工蜂触角短。触角上有许多感觉器和嗅觉器，与触角窝内的许多感觉神经末梢相连，又直接与中枢神经联网，非常灵敏，既能感触物体、感觉气流，又能嗅到各种气味，甚至是远距离散发出来的。当受到外界刺激后，中枢神经便可支配昆虫进行各种活动。目前，科学家已经利用显微镜、电生理和分子生物学等技术研究触角复杂的生理功能，具体将在后边详细介绍。工蜂的头、触角和上颚以及雄蜂和蜂王的上颚见图 2-5。

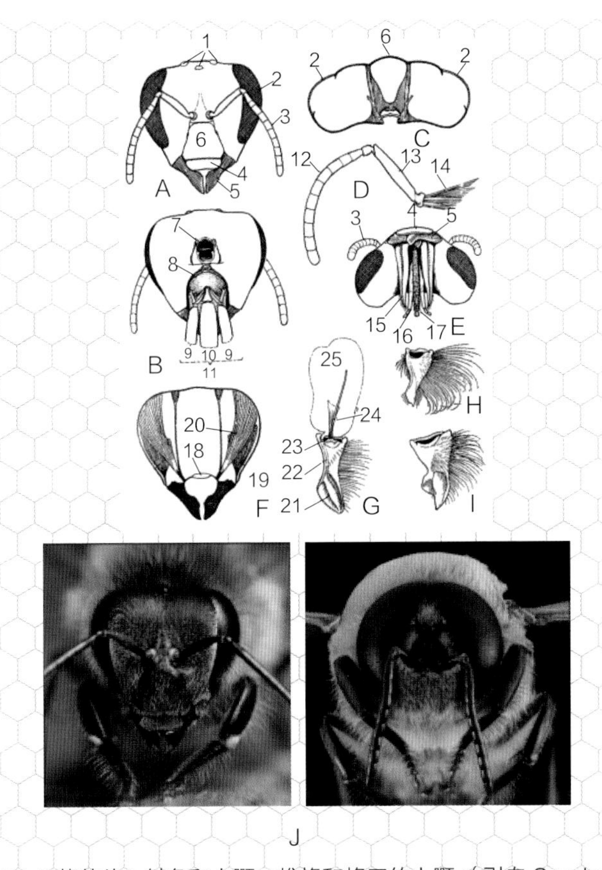

图 2-5 工蜂的头、触角和上颚；雄蜂和蜂王的上颚（引自 Snodgrass）

A. 工蜂头部前面观 B. 工蜂头部后面观 C. 工蜂头部水平横剖面 D. 工蜂触角 E. 工蜂头部折叠的喙下视图 F. 工蜂头部的横向垂直面展示上颚和其肌肉 G. 工蜂上颚和上颚腺 H. 雄蜂上颚 I. 蜂王上颚 J. 工蜂和雄蜂头部正面

1. 单眼 2. 复眼 3. 触角 4. 上唇 5. 上颚 6. 唇基 7. 头孔 8. 喙凹 9. 下颚 10. 下唇 11. 喙 12. 鞭节 13. 柄节 14. 肌肉 15. 盔节 16. 下唇须 17. 中唇舌 18. 口 19. 上颚的收肌 20. 上颚的展肌 21. 上颚管 22. 上颚的凹槽 23. 上颚腺孔口 24. 上颚展肌肌腱 25. 上颚腺

（三）上颚

上颚是一对高度骨化的结构，位于头部喙的两侧，紧靠上唇基部的后面。在头部每个颌都具有一个前和后的关节点，且每个颌都具有两组肌肉，两组肌肉附接在上颚运动轴线的相对面上。因此，上颚是侧向摆动的，但是因为前关节比后关节高，当上颚闭合时，颌是向内和向后转动的。

工蜂的上颚基部粗壮，中部收缩变窄，端部膨大，且在内表面具有一凹槽，且该凹槽与上颚腺的开口处相连。蜜蜂的三型蜂都具有上颚腺，但是蜂王的上颚腺最大，工蜂次之，雄蜂最小。当处女王在空中婚飞交配时，它会利用上颚腺分泌物吸引雄蜂前来与其交配，而在交配成功后，其上颚腺分泌物会给巢内的工蜂发出讯号，得知它的存在[45]。蜂王上颚腺分泌物中吸引雄蜂的主要物质是反式–9–氧代–2–癸烯酸[46]，引发工蜂侍从行为需要上颚腺分泌的多种物质协同作用[47]。研究发现，蜂王上颚腺信息素还具有延迟巢内工蜂向采集蜂行为转变的作用[48]。工蜂上颚腺会产生不同的脂肪族化合物的混合物，且工蜂上颚腺具有多种功能，包括抑制花粉萌发和幼虫化蛹[49]。

工蜂使用它们的上颚来取食花粉、加工蜂蜡建造蜂巢、稳固伸出的喙的基部以及一些关于巢房内需要一对上颚来紧紧抓握的复杂工作。蜂王的上颚比工蜂的大，但是缺少了工蜂上颚所具有的特点，蜂王上颚前端由一外侧的尖齿和一宽而扁平的内叶构成，而雄蜂的上颚比工蜂的小，前端外侧尖齿朝上，内叶较窄。

（四）喙

在大多数的其他昆虫中，喙仅仅是用来吸食液体的。而蜜蜂的喙并不是作为一个永久的功能性器官存在，相反，它是暂时由下颚和下唇的空闲部分临时组成了一个管道用来取食花蜜、蜂蜜和水等液体。蜜蜂喙的组成中，包含下颚和下唇的部分都位于它们的基部，位于后头部的喙小窝的膜内。下唇的基部包括长筒状的前颏和小的三角形的后颏。前颏末端着生一根细长毛状的中唇舌，一对短的侧唇舌位于中唇舌的基部，一对下唇须包围着中唇舌基部着生，每个下唇须具有 2 个长的基节片和 2 个短的顶节片，

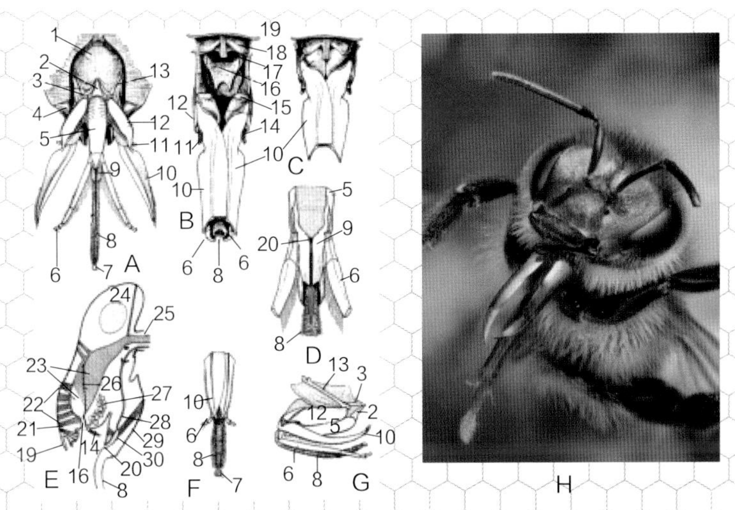

图 2-6　工蜂的喙（引自 Snodgrass）

A. 喙的后面观　B、C. 从头部拉出的喙的前面观　D. 中唇舌、侧唇舌、下唇须和下唇前颏前面观　E. 头部的纵切面　F. 喙的中唇舌端部示意图　G. 喙折叠于头下的侧面观　H. 工蜂伸出的喙

1. 头后部的喙窝　2. 后颏　3. 亚颏　4. 上颚　5. 前颏　6. 下唇须　7. 中舌瓣　8. 中唇舌　9. 侧辰舌　10. 盔节　11. 下颚须　12. 茎节　13. 轴节　14. 喙基部的食管　15. 下颚内叶　16. 舌垂叶　17. 口　18. 内唇　19. 上唇　20. 涎窦口　21. 唇基　22. 食窦背扩肌　23. 食窦　24. 脑　25. 食管　26. 口生的臂骨　27. 王浆腺　28. 涎管　29. 下唇　30. 涎窦

通过前颏肌肉的向上移动均可以单独活动。每个下颚的主要基板是茎节，在喙小窝的边缘茎节连接于细长的棒状结构轴节上。轴节的末端与下唇的后颏通过一个“V”形骨片——喙基片相连。每一茎节具有一个长刀状的盔节和一个小的下颚须。工蜂的喙结构示意图见图 2–6。

当蜜蜂的喙不使用时就悬停在后头部的喙小窝内，端部的前颏和茎节也会折叠起来。当蜜蜂要吸食液体时，通过轴节的向下摆动逐渐伸展，喙的端部结构也会随之展开。宽的盔节和下唇须与中唇舌一起构成吸取液体的管道，前面与重叠的盔节靠近，后面与下唇须靠近，与中唇舌在同一轴向位置。一对下唇须的端部在喙管的端部偏离，偏离的目的可能与其感觉功能有关。中唇舌开始来回反复地运动，中唇舌的端部转动着做出敏捷的舔吸动作，使得液体食物进入喙管中。

蜜蜂的中唇舌是上唇前颏末端的延伸，中唇舌从外观看具有交叉线是由于外壁覆着毛且通过窄而光滑的膜间隔相互分离，正是由于这个结构使得中唇舌可以自由地伸长或缩短。中唇舌的基部还具有一帽形板状结构，其用来支撑从前颏侧部延伸出来的一对起到支撑中唇舌作用的臂。中唇舌的杆状末端是一个小的勺子状的中舌瓣，中舌瓣的底部表面是圆而光滑的，但在边缘和上表面具有微小分枝的刺。中唇舌向后卷曲紧贴在前颏的后壁末端，前颏里的两块长的肌肉插入卷曲的部分，也正是这些肌肉对中唇舌基部卷曲部分的拉升，中唇舌才可以缩短。而延伸显然是由于舌棒的弹性，当肌肉松弛时又会处于拉直状态，从而产生了喙的末端中唇舌的伸长和收缩。因为舌棒靠近中唇舌的后方边缘，舌棒的收缩也带来中唇舌向后轻微的卷曲。中唇舌末端的舔舐动作正是由舌棒肌肉反方向的运动而产生的。

当喙的位置低于头部时，喙的食物道位于两个下颚和下唇基部之间，看起来像是槽形的凹陷。口位于食物道末端的上方，且口的部分隐藏在内唇之后。当喙是取食食物的状态时，喙的基部倚靠在口，通过下颚上的两个垫状的颚叶倚靠在内唇，喙的食物道向外关闭。因此从喙的端部到口就建立了一个持续而封闭的通道。

取食食物过后，喙会折叠收于头后部，中唇舌也会缩短。但是值得注意的是，与中唇舌伸长的状态相比，中唇舌和侧唇舌的基部都缩回到前颏的末端。位于头上部的肌肉处于拉升状态，而使得喙收缩，这些肌肉插入前颏的末端。当它们收缩时，前颏向内急剧弯曲，其会贴上中唇舌和侧唇舌的基部。然而，舌棒会被拉出远离中唇舌的基部，舌棒的张力会自动地使舌向后卷曲于前颏之下。因为没有任何关于伸长和收缩的机制，这种反向作用可能是由于弯曲的前颏棒的弹性，或者是血压的升高而引起的喙的基部紧挨着头部。下唇须和下颚须的弯曲是由特殊的屈肌连接到这些附件上产生的。

（五）吸泵

蜜蜂的吸器是位于头部的一个大的肌肉围起来的囊状结构，从口部延伸到颈孔，吸器变窄的上末端与食管相连。泵的每个侧壁都由一个从口部的一个板上向上延伸的细长棒状物——口片臂骨倾斜地贯穿。在其他的昆虫中，这些棒状物和口片属于大的舌状叶——下咽部，位于两个口片臂骨上末端之间，开口于咽部，这也是消化道的第一部分。位于下咽部之前的口前食物腔是食窦。在蜜蜂中吸泵实际上是口前食窦和口后咽部的组合。

因此蜜蜂的下咽部是口片，悬挂于下口片的围嘴状的舌垂叶，以及位于唾管开口处的折叠末端进入涎窦。

蜜蜂的口的功能就是简单的张开使食物进入位于上唇和下咽部之间的食窦，食窦是泵的操控部分。从唇基而来的五组厚而成捆的扩张肌纤维与食窦的前壁相连。这些肌肉是很强的收缩肌纤维在食窦的外壁上倾斜交叉地分布着。通过扩张肌的运动液体从喙管道被吸上来，收缩肌的收缩关闭口部，驱动液体进入肌肉发达的咽部，进而进入狭窄的食道。由于花蜜或者蜂蜜的反刍也是蜜蜂取食的一项重要功能，因而很可能蜜蜂的吸泵可以在蜜蜂的取食和外排都起作用。

（六）唾液系统

唾液系统位于中唇舌的根部和唇的前颏的末端前部，是一个深的凹陷，几乎被重叠的侧唇舌隐藏。这个凹陷的底部是一个朝向前颏的一个小口袋的开口，这个口袋的壁上具有扩张肌和收缩肌。唾液腺的共同管道开口朝向口袋。这个装置是排出唾液的泵——涎窦。

唾液是由两对唾液腺排放到中间的导管中，唾液腺体的一对位于头的后部，而另一对位于胸部的腹面。胸唾腺是由在分支管的末端的大量的或管状的小囊组成，这些小囊与一对储库囊相连。从储库囊开始两个管向前延伸，最终汇合于头后的共同的中间导管中，这个导管通过颈孔进入头部的涎窦。头唾腺由许多遍布后头壁的平的梨状小体组成。头唾腺的管与在头内的来自胸唾腺的管一一汇合。成年蜂的胸唾腺由幼虫的丝腺发育而来的，相当于其他昆虫的更典型的唾液腺；头唾腺在蛹期形成，是由共同的唾液管发育而来的。工蜂头和胸部的外分泌腺结构示意图见图 2-7。

唾液从涎窦中喷出进入位于中唇舌根部的下唇的凹陷里，唾液被重叠

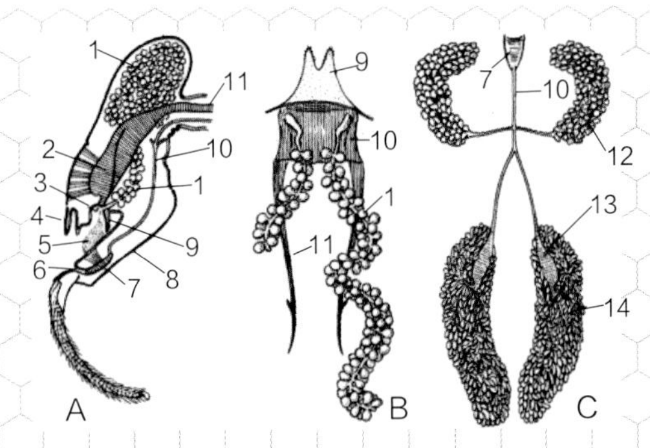

图 2-7　工蜂头和胸部的外分泌腺（引自 Snodgrass）

A. 头部侧面观示右侧王浆腺位置　B. 位于口片表面下方的王浆腺开口

C. 唾液系统的全视图

1. 王浆腺　2. 食窦　3. 口　4. 上唇　5. 蜂王浆　6. 涎窦口　7. 涎窦　8. 下唇

9. 舌垂叶　10. 涎管　11. 食管　12. 头唾腺　13. 胸腺　14. 胸唾腺

的侧唇舌包裹，并在中唇舌的基部流动进入位于中唇舌下表面的管道状的凹槽。通过这个管道唾液可以到达中唇舌的端部，唾液会到达中舌瓣光滑的下表面，与取食到的花蜜或者蜂蜜混合后进入喙中，或者如果蜜蜂在取食糖时唾液可以作为一种溶剂。

（七）幼虫食物腺——咽下腺

工蜂的咽下腺是位于头部两侧的两条长串的成线圈状排列的小囊，可以分泌用来饲喂蜂王、雄蜂和幼虫的王浆。咽下腺的管口通过两个位于口部口片两侧边缘的小孔独立存在。口片的棒状臂给从头壁的肌肉附着支持，也可能具有从口部分泌王浆的功能。食物必须沿着位于口片边缘的围兜状翼片流下，在喙基部的管道积聚，这个开放的管道对于其他的成年蜂而言就像饲喂槽一样，通过挤压哺育蜂喙的末端在中唇舌基部之上分泌王浆。

当哺育蜂饲喂幼虫时，蜂王浆也会从部分开放的上颚腺之间分泌出。

四、胸、足和翅

昆虫的胸是虫体的中部，着生三对足和一对翅。胸部的凹陷处具有大量的支撑运动的肌肉，以及使头部和腹部移动的肌肉。胸部的神经中枢，相对于腹部的神经中枢要大，因为胸部的神经中枢需要控制胸部肌肉的活动。前胸腺是一个围绕胸部导管分散分布的扩张器官，它是蜕皮激素的主要来源。

（一）蜜蜂胸部的构造

蜜蜂的胸部由四部分构成，它们联系得很紧密，以至于肉眼观察很难将其分开。对胸部结构研究发现，包括胸背片、胸腹片和两个胸侧板。

蜜蜂胸部的第一部分是前胸，前胸与颈部合并对头部形成支撑，并且着生第一对足——前足。它的背板是前胸背板，像中胸前方的衣领一样，延伸到两侧的第一对气孔。前胸的胸侧板和胸腹板支撑第一对足。头部在一对从胸侧板末端前部伸出的栓状物上旋转。中胸是胸部最大的部分。中胸背板位于翅基部之上，形成胸壁的最突出的部分向下明显地倾斜至前背板。翅的下方胸侧板和胸腹板壁从一侧到另一侧是连贯的。后胸是一个窄带向两侧有角度地向前弯曲，紧密地与中胸和并胸腹节相连接。后胸背板一定程度上朝向翅基方向加宽，同中胸一样，后胸的胸侧板和胸腹板也是连贯的。并胸腹节由一大块背板组成，其与后胸紧密连接在一起。并胸腹节没有胸侧板部分，而且胸腹板是一个位于第三对足后的小的腹板。在后侧，并胸腹节在靠近腹部基部连接处的地方急速收窄。其余的胸部结构细节会在与翅及其机制的相关方面做详细介绍。工蜂胸部和前腹部结果示意图见图 2-8。

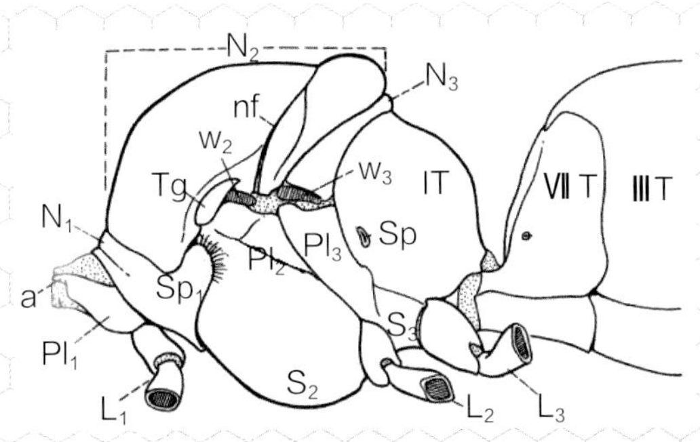

图 2-8　工蜂胸部和前腹部（左侧）（引自 Snodgrass）

a. 头部支撑点　IT. 并胸腹节背板　ⅡT, Ⅲ T. 第 1 腹节和第 2 腹节背板
L_1, L_2, L_3. 足基部　N_1. 前背板　N_2. 中胸背板　N_3. 后胸背板　nf. 背裂沟
Pl_1. 前胸侧板　Pl_2. 中胸侧板　Pl_3. 后胸侧板　S_2. 中胸侧板胸骨区
S_3. 后胸侧板胸骨区　Sp. 气孔　Sp_1. 覆盖第一气孔的前背板叶　Tg. 翅基片
W_2, W_3. 翅基部

（二）蜜蜂的足

一个昆虫的三对足很少在大小和形状上相似，但是每个足都有基本的六部分组成，且六部分的关节处都可以活动。在昆虫中，靠近身体的部分叫基节，第二节是柄节，第三节较长是梗节，第四节鞭节，第五节是跗节，第六节即足的端部是前跗节，而跗节又被分成几个部分，叫作跗分节。前跗节是非常小的部分，包括一对侧爪和一个中垫。蜜蜂足的构造见图 2-9。

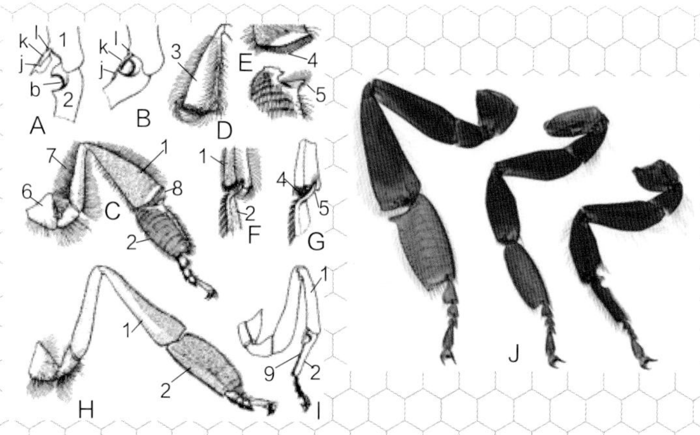

图 2-9　蜜蜂足的构造（引自 Snodgrass）

A. 工蜂前足净角器（打开位置） B. 工蜂前足净角器（闭合位置） C. 工蜂后足内侧 D. 后足胫节花粉筐 E. 后足胫节末端花粉耙和耳状突 F. 位于胫节和基跗节之间的花粉压（背面观） G. 除去胫节毛后的花粉压 H. 雄蜂后足 I. 工蜂前足 J. 工蜂的足（从左至右分别为后、中、前足）

1. 胫节 2. 基跗节 3. 花粉筐 4. 花粉耙 5. 耳状突 6. 基节 7. 转节 8. 花粉压 9. 前足胫节刷

足的每一部分的关节点的运动几乎都限制在同一平面上。昆虫的足的任何一个部分都不能像脊椎动物的臂如人类的胳膊一样自由活动。因此，昆虫对于它的足能够做什么没有太多的选择，几乎一个物种的所有个体都用相同的方式做着相同的事。在关节连接处的行动受限可以在足的多个部分不同方位的移动上得到一定的补偿。蜜蜂的每一只足都与虫体在斜横轴方向相连，因此，整个的摆动方向仅能向前或者向后。在足的第一个关节处，即基节和转节之间，超过基节的足的部分在同一平面上前后运动，并与虫体的整个腿部的运动平面成直角。因此在基转节关节处转节的肌肉抬升和降低足。转节具有一些小的肌肉抬升基节，而且为了增加抬升的力量，每个转节都具有一个从胸部内部筐架上伸出的长的肌肉。转节在垂直平面上倾斜地连接着股节，虽然转节仅能给股节轻微的向后弯曲，但也因此不会影响转节肌肉的抬升力量。股节和胫节之间的关节是典型的膝关节，在股节的末端通过股节的长的伸肌和屈肌的抬升，胫节可以被扩展或弯曲。

蜜蜂的跗节由 5 个跗分节组成，在所有足中相较于其他的分节，第一个分节更长且粗，称为基跗节。后部跗节大且平的亚节先前在蜜蜂中叫作 planta，在拉丁语中意为唯一的足，且这个定义一般用在动物学上。在昆虫中，planta 实际上是前跗节的一块腹侧骨片。胫跗节的关节不同于足的其他关节，它可以使跗节具有更大的活动自由，基跗节上的 3 块单独的肌肉，使其可以做 3 种单独的运动。大的基跗节之后具有 3 个非常小的跗分节。长一些的第 5 个跗分节连接跗节远端的前跗节。在跗节的各亚节之间是没有肌肉存在的，因此跗分节可以相互灵活地活动，但是没有独立运动的力量。然而整个跗节，通过在股节和胫节的前跗节肌肉的肌腱的抬升来回移动。

前跗节，被定义为昆虫的脚，是昆虫的足的重要部分，因为它要承受昆虫来自爪紧贴支撑表面的力量。前跗节的爪可以保持在粗糙表面上的附着，中垫黏附光滑的表面。蜜蜂的爪是具有双尖的，其基部垂直插入前跗节的侧壁，但是在跗节的末端每个爪都具有一个关节旋钮。中垫从前跗节末端，两个爪中间伸出。当不用时，中垫向上转，并且只是软而椭圆形的叶，但是近距离观察发现是在其上部或者前表面有一个深的凹陷。中垫凹陷的基部边缘通过一个位于前跗节上壁的瓶状骨片，被跗节的末端支撑，这个瓶状骨片具有 5 ～ 6 个长而弯曲的毛。因此，中垫类似于一个长柄的勺。中垫凸面的外壁包括一个“U”形的松紧带。

在前跗节的下表面具有两个中间板块，掣爪片的一部分被隐藏在跗节端部的一个口袋里。而另一个板上覆盖有强壮的刺。这个被称为基跗节。隐藏的掣爪片的部分与一个强的贯穿于整个跗节的肌腱相连，这个肌腱进入胫节后会变成两个分支。其中一个分支与胫节的肌肉相连，另一个进入股节，并结束于在股节的基部的一个长的肌肉。通过不停地拉升肌腱和其附着的掣爪片这些肌肉可以控制前跗节的爪和中垫。

包括蜜蜂在内，许多昆虫在光滑表面行走时，留下的足迹中含有碳氢化合物。虽然有证据表明所谓的碳氢化合物的足迹可能会让采集蜂避免采集已经被其他蜂采集过的花朵，但通常认为其中的脂类会增强跗节的黏附力[50]。近期研究发现，通过跗节表面的显微成像，在光滑表面，跗节也可以增加黏附力，并且使得机器人可以模仿昆虫在垂直光滑表面行走的胶带也已经被开发出来[51]。

虽然足是最初的运动器官，但是蜜蜂的足上也具有许多特化的部分，这些部分存在的目的并不是单纯地为了行走。前足跗节的长的基部的内表面具有硬毛刷，作用是用来从头部、眼部或口部清理花粉或其他颗粒物。同样，中足跗节具有浓密的毛用来清理胸部。中足胫节末端的长刺用来从后足的花粉筐中把花粉铲松方便卸入巢房内，同时也可以清理翅膀和气孔。蜡鳞通过中足从腹部的蜡鳞袋中移出，但也仍存在不同观点，认为需要使用高速摄像机来确认这一行为的准确性。在足上特化出的主要结构，在所有蜜蜂的前足上，都具有净角器，而在所有工蜂的后足上都有花粉收集和花粉运载的装置。

（三）净角器

蜜蜂的净角器是用来清理蜜蜂触角的，位于前足的超过胫跗节关节处的内缘。每一个净角器都有一个深的半圆的凹口位于长的基跗节的基部，和一个小的钩状的叶从胫节的末端伸到凹口。凹口的边缘布满梳子状排列的小刺。这个钩子是一个扁平的附肢，渐缩到一点，在其前表面具有一个小叶，基部灵活但不具有肌肉组织。蜜蜂通过足部的运动，先将触角的鞭节移动到开放的跗节凹口内，通过跗节向胫节弯曲，触角鞭节被带到胫节钩上。鞭节通过凹口内的梳状刺和钩的刮边之间向上拉。同时，净角器在蜂王、雄蜂和工蜂个体中均存在。

（四）花粉收集装置和花粉筐

蜜蜂的后足在大小、胫节和基跗节的宽和扁平程度上都不同于其他的足，但是这些不同仅出现在工蜂的后足上。工蜂后足胫节光滑而有些凹陷的外表面上布满了长而卷曲的毛，这部分结构称为花粉筐，用来装载花粉到巢房内。储存在花粉筐里的花粉，首先是通过前足和中足，以及位于后足跗节宽阔的基部内表面上的大而平的刷子从身体上将花粉收集到花粉筐内，每个花粉耙具有向后伸出的 10 行贯穿后足胫节的硬刺。将花粉从刷子上转移到花粉筐的装置是位于后足胫节和跗节之间上边缘的深的凹槽。每一个凹槽的胫节边缘都具有一个短而布满刺的耙，相对的跗节的边缘是扁平贯穿，并且侧面延伸到一个小的布满毛的三角边缘或者耳状突。蜜蜂采集花粉见图 2–10。

图 2-10　蜜蜂采集花粉（李建科　摄）

花粉从收集的刷子上转移到花粉筐里过程是这样的：当基跗节的刷子装载了足够多的花粉时，一侧的足会通过摩擦另一侧的足，用一侧的胫节花粉耙将另一侧足上的跗节刷子上的一小部分花粉刮掉。分离下来的花粉粒会掉在向上和向外倾斜的耳状突的平坦表面上，因此，当跗节对胫节呈关闭状态时，位于耳状突的花粉强迫向上和向外压到胫节的外表面，保持湿度和黏性，其黏附在花粉筐的位置。蜜蜂一直在重复这个过程，从一侧到另一侧，成功地在两侧的后足花粉筐内装满花粉。

同时，花粉筐也会用来运输蜂胶。蜂胶是一种蜜蜂通过它的上颚腺从树上或其他植物上收集的树脂胶。树脂颗粒由蜜蜂的前足和中足收集并且直接储存到后足的花粉筐内运回巢房。

（五）蜜蜂的翅

昆虫的翅平而薄，是体壁上的双层延伸物，通过管状增厚——翅脉，而使翅膀加强，起到支架作用。翅从中胸和后胸的两侧的背板和侧板之间生出。蜜蜂的前翅比后翅要更大一些，翅脉也更坚硬，但是在飞行中，身体两侧的翅需要一起工作才能顺利飞行。为了确保飞行中振翅的一致性，后翅的前边缘具有一排向上弯曲的小钩，并且前翅的后缘具有向下弯曲的卷褶。当翅膀展开准备要飞行时，前翅伸展，从后翅上面扫过，后翅的小钩就自然地和前翅的卷褶挂在一起，两翅连成一体。不飞行时，前翅和后翅均折叠于背部，与身体的纵轴平行。蜜蜂的翅结构示意图见图 2-11。

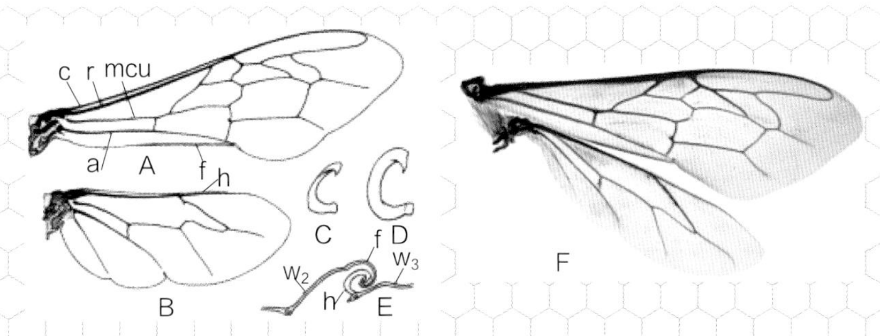

图 2-11　蜜蜂的翅（A ~ E 图引自 Snodgrass，F 图李建科　摄）

A. 工蜂前翅的腹面观　B. 工蜂后翅的腹面观　C. 工蜂后翅上的钩　D. 雄蜂后翅的钩
E. 卷褶和翅钩连锁状　F. 工蜂的前翅和后翅
a. 臀脉　c. 前缘脉　r. 径脉　mcu. 中脉和肘脉联合　f. 前翅边缘的卷褶
h. 后翅边缘的钩　W_2. 前翅　W_3. 后翅

每个翅通过很窄的基部与背板相连，并通过相对应的侧板的上边缘的下方支撑。蜜蜂的翅可以自由地上下移动，然而渐进地飞行需要其他的运动方式，包括每个翅向前和前后的运动以及翅在其长轴方向的扭转或部分旋转。而翅的扭转或部分旋转的飞行运动依靠翅基部的结构。所有翅的运动，除在飞行中可能由于空气压力产生的运动，其他翅的运动都是由于胸部肌肉的运动引起的。但是值得注意的是，大部分的肌肉并不是直接与翅相连的，而是位于胸部的可移动的部分间接地影响翅的运动。因此，要了解飞行的机制需要首先了解胸部的结构，必须区分每个翅的伸展和弯曲运动。相较于复杂的向前飞行的运动，下面将先介绍产生水平运动的结构。

如果一只翅的基部，例如前翅是平展的状态，可以看到其基部包括几个小的板或者翅关节片。关节片中的两个，第一个和第四个是铰合板，通过这两个关节片与昆虫背板的边缘相接。其他的，第二个关节片位于第一个后方，位于侧板的上边缘，构成翅基部的中枢板。第三个长的骨片沿着翅膜基部的加厚边缘向外延伸。第三个关节片是收缩机制的骨骼要素，在第三个关节片的近端部连接有 3 块肌肉。这些肌肉在收缩时抬起第三个关节片末端的外侧，将其朝向背部旋转，由此产生翅基部的折叠带动伸展的翅水平向后转动。

弯曲翅的伸展是由位于翅的前部下方的侧板上的一个小的骨片的运动引起的。这个骨片称为前上侧片，其上附着有来自侧板较低部分的一块长的肌肉。这块肌肉的收缩使得前上侧片向内转动，因而在中枢第二个关节片之前，间接拉动了翅基部，引起翅向前摆动。翅的混合飞行运动包括上下振翅、前后摆动和在其长轴上的旋转运动。上下划桨的运动是由翅承力部分的背板的振动引起的。

如果将蜜蜂的胸部切开，可以看到内部充满了大量的肌肉纤维。在中胸的每一边都是附着在背板上的厚柱状的垂直纤维，以及一些小的肌肉附着在背板的边缘。中胸具有其自己的翅升降肌肉，且一对翅的向下的运动是由中胸肌肉产生的，同时也依靠前后翅彼此的偶联。

大多数昆虫支撑翅部分的背板都是足够灵活来应答振动运动的。蜜蜂的中胸背板，是一个坚硬而强壮的凹形板。为了执行其与翅的连接功能，中胸背板被一个深的横向凹槽分割成了两部分，一个较大的前背板和一个较小的后背板。凹槽的中间部分在背面的顶部充当两块背板之间的一个铰链，侧面的部分开口到通过折叠膜与其边缘结合的真正的裂缝中。前背板的前角紧紧地包围着侧板，后背板由后胸背板支撑。因此，垂直肌肉的收缩会在背部的蝶铰线上压制中胸背板，并且打开两个背板之间的侧面裂缝。相反地，纵向肌肉的收缩会通过关闭侧面的裂缝而恢复背板的形状。

翅仅是拍打不能产生飞行。推动力的产生来源于每个翅在上下摆动时像螺旋桨状扭转。当翅向下摆动时，也会产生一定的向前，其前边缘向下转动。当翅向上摆动时，运动是相反的。

考虑到昆虫飞行机制的简单性，昆虫飞行器的效率是令人惊讶的。翅不仅是作为产生身体推进力的器官，同时在昆虫并没有其他指挥飞行装置的情况下，还要指挥昆虫的飞行。许多昆虫都可以在飞行的过程中在没有改变身体位置的情况下，突然改变方向，同样轻松地向前、向后或者向侧面飞行。

五、腹部

腹部包含昆虫的主要脏器，包括肠道、排泄器官和繁殖器官。腹部还具有与交配和产卵有关的器官，其外部形态相较于胸部或者头部是比较简单的。腹部从分节上来说是不同的，腹部最末端的分节在没有经过训练的情况下很难被认出。

（一）蜜蜂的腹部

蜜蜂的幼虫有 10 个腹部分节，但在成年蜂和其他膜翅目昆虫中，腹部体节减少到 9 个，通过在蛹期，幼虫的第 1 分节并入胸部。为了保持腹部分节的对应，或者是同源性，通常习惯于使用罗马数字从腹部第 1 节标记，第1节为并胸腹节。蜜蜂的腹部，由于后腹部体节的收缩和减少更短小，即第8至第10节均极度缩小并隐入第7腹节内，所以成年工蜂和蜂王的腹部只见6个腹节，即第2～7腹节。其中最后1节的背板和腹板末端为圆锥形，内藏螯针。

雄蜂腹部背面可以看到7节，腹末端圆形，无螯针。每一腹节均由一块较大的背板和一块较小的腹板组成，每节背板两侧各着生1个气门。腹部还有蜡腺、臭腺和螯针等结构。

每一个露出的腹节都具有一个大的背板和一个较小的腹板，依次的背板和腹板都从前至后相互重叠。它们彼此通过折叠的节间膜相连。同样，背板也会重叠腹板的边，且两个板之间通过折叠的侧面膜相连。因此，腹部在纵向和垂直方向都是可以扩张和收缩的。腹部的收缩和扩张可以通过蜜蜂的强烈的呼吸运动观察到。

蜜蜂腹部的运动机制是相当简单的。在连续的背板和腹板之间通过长的肌肉牵缩肌的收缩使腹节被拉到一起。相反，腹部的伸展通过位于背板和腹板的前边缘的突出叶上的短的牵引肌进行。这些肌肉通过收缩使重叠的分节变短并使其相互分离。而腹部垂直方向的运动通过位于背板和侧板之间的侧面肌肉的运动来产生。压缩肌是位于分节的两侧的两块交叉的肌肉通过收缩将背板和腹板拉在一起。扩张肌从长的侧腹板臂的上末端延伸到背板的下缘。因此，腹部垂直方向的扩张通过彼此相互拉重叠的腹板的边缘来实现。工蜂的腹部结构示意图见图2-12。

腹部与胸部的并胸腹节通过一个短而窄的柄相连，称为腹柄。因此，腹部在胸部具有较大程度的活动性。能够使腹部作为一个整体移动的主要肌肉位于并胸腹节，以及腹部第 1 节和第 2 节之间的节间膜肌肉。

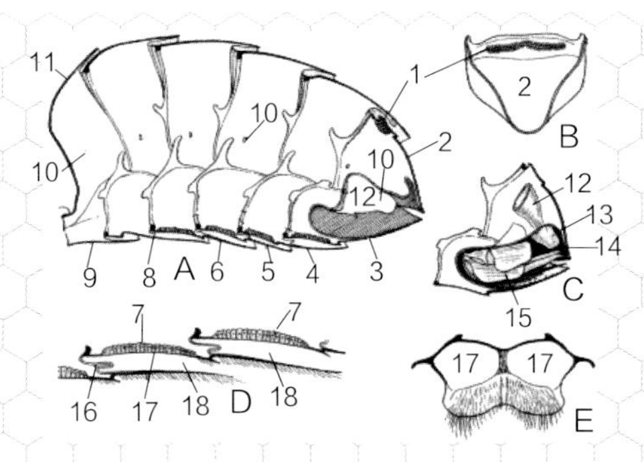

图 2-12　工蜂的腹部（引自 Snodgrass）

A. 工蜂的腹部侧面观　B. 第 7 腹板腹面观示臭腺位置　C. 移除表皮后的腹部末端展示螯针腔　D. 蜡腺和蜡鳞袋　E. 蜡镜

1. 臭腺　2. 第 7 腹节背板　3 ~ 6. 分别为第 7、6、5、4 腹节腹板　7. 蜡腺　8. 第 3 腹节腹板　9. 第 2 腹节腹板　10. 气门　11. 第 2 腹节背板　12. 直肠　13. 第 9 腹节腹板，隐藏于螯针腔内　14. 肛门　15. 螯针　16. 节间膜　17. 蜡镜　18. 蜡鳞袋

（二）蜡腺

蜡腺由体壁表皮所特化的部分形成。且蜡腺仅为工蜂所特有，雄蜂和蜂王的蜡腺均已经退化。工蜂有 4 对蜡腺，分别位于腹部第 4 ~ 7 腹节腹板两侧的内表面，外表面两侧的卵圆形区域光滑如镜子，称为蜡镜，是产生蜡鳞的地方。由上皮细胞特化而成的蜡腺细胞分泌的蜡液，通过微孔渗透到蜡镜表面，遇到空气后凝固成蜡鳞，成为建造蜂巢的材料。

（三）臭腺

臭腺也为工蜂所特有，位于第 7 腹节背板的前端，平时被第 6 节背板所覆盖，当蜜蜂要招引其他同伴时，才会露出腺体，释放出信息素招引同伴。

（四）螫针

工蜂和蜂王的螫针在结构和机制上与许多其他雌性昆虫所具有的产卵器相似，也包括大多数的膜翅目昆虫。一些种类的产卵器是利而尖的器官，可以插入其他昆虫的体内，或者可以穿透植物组织，甚至是硬木。然而，产卵器利而尖的功能仅仅是形成一个洞，以便卵可以被储存。而螫人的膜翅目螫针已从过去的产卵功能改变为注射毒素。

螫针由产卵器特化而成，是蜂王、工蜂的防卫和攻击器官，通常隐藏在腹末第 7 节背板下的螫针腔内。螫针由螫针杆和球形基部组成。螫针杆由一根刺针和两根感针组成。刺针位于上部，腹面具沟；而感针位于刺针下部，上表面具槽。刺针表面两侧的轨道状边缘与感针表面的凹槽相咬合，使感针可以在轨道上自由滑动，并形成一条输送毒液的导管，当螫针刺入敌人体内时，毒液也会通过这条管道注入。但毒液的排出不是通过螫针的尖端，而是从靠近感针末端的腹面裂缝排出的。

螫针基部有螫针球、碱腺、毒囊以及 1 对弯曲臂和 3 对形状各异的骨片等结构。毒腺是分泌毒液的腺体，毒液产生后储存在毒囊中。球形的臂悬挂和支持针杆，并控制感针的滑动。3 对骨板和上面附着的肌肉是螫针的动力装置；它们的协同动作控制螫针的运动，当螫针不使用时完全缩进腹部螫针腔中的螫针球基部，末端被螫针鞘包住。工蜂螫刺时，腹部末端突然下弯，针杆从腹部伸出并刺入敌人体内，两根感针反复交替推进针杆尖逐渐深入，使针越刺越深。由于每条感针上有 10 个倒钩，可防止螫刺后感针退出，并最终导致整个螫针及其基部结构一起和蜂体分离，留在敌体上。由于交感神经对连接螫针和毒囊肌肉的作用，离体的螫针还会有节奏地收缩，进一步深刺和排毒，直至毒液全部排完为止。工蜂腹部的螫针见图 2-13。

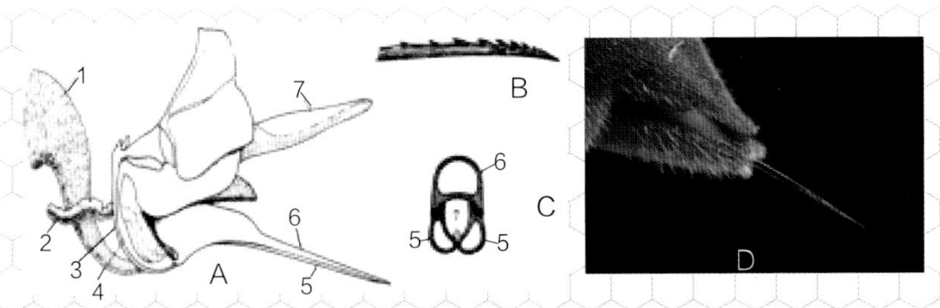

图 2-13　工蜂腹部的螫针（引自 Snodgrass）

A. 螫针侧视图　B. 螫针的倒刺　C. 毒液道纵切面　D. 螫针的真实放大

1. 毒囊　2. 碱腺　3. 刺针挺　4. 感针挺　5. 感针（腹产卵瓣）

6. 刺针（内产卵瓣）　7. 针鞘（背产卵瓣）

蜂王螫针比工蜂的要粗长，略弯曲；螫针上的倒钩也比工蜂小而少，但毒腺非常发达，毒囊很大。蜂王一般不会螫人，只会在与其他蜂王搏斗或破坏王台时使用。雄蜂没有产卵器，因而不存在螫针。

六、消化道

蜜蜂成年蜂的消化道包括从口到肛门的一条长的消化管，可将其分为前肠、中肠和后肠三部分。前肠和后肠均由胚胎期的外胚层内陷而成，中肠由内胚层发育而来，起消化和吸收作用，后肠主要承担水分回收和排泄废物的功能。

（一）前肠

蜜蜂成年蜂的前肠由咽、食管、蜜囊和前胃组成。咽位于口后，膨大为食窦，适于吸吮和反吐液体。唇基的 5 对扩张肌黏附于食窦前壁，另有压缩肌交叉环绕于其上。扩张肌收缩，食窦内吸入液体；压缩肌收缩则紧闭，液体被压入狭窄的食管或反吐而出。食管是食窦后面一条细长的管子，经脑下部和胸部，进入腹部与蜜囊相连。蜜囊为富有弹性的薄壁囊，有较大的伸缩性，因为其内壁具有很多的褶皱。蜜蜂将采集到的花蜜就暂时储存在蜜囊内。蜜囊内表面有稀疏的短绒毛。蜜蜂的蜜囊不仅可以储存花蜜，还可以作为食物储存的地方。前胃为前肠最后一部分结构，是调节食物进入中肠的活瓣，由 4 个前端呈三角形的瓣片组成，通过瓣片的开闭调节食物进入中肠的量，瓣片前端着生有密密的绒毛，起到过滤食物的作用。

（二）中肠

位于前胃之后，是消化和吸收的器官。正常的中肠近透明，外观的颜色一般为肠内食物的颜色。中肠呈环节状，增加了肠壁内吸收面积和肠壁的伸缩性。中肠表面有许多微气管依附。中肠肠腔内还有多层的围食膜包裹食物，可保护中肠细胞不受食物磨损，又可以让中肠消化酶穿过围食膜对食物进行消化，分解的营养物再由中肠细胞吸收。中肠细胞外层有发达的肌肉层控制中肠的活动。

（三）后肠

位于中肠之后，由细长的小肠和粗大的直肠构成。小肠可以继续消化中肠未消化吸收的食物，然后再进入直肠。直肠有很强的伸展能力，能暂时地储存食物残渣，同时还可以回收残渣中过多的水分。直肠基部肠壁四周纵向分布着 6 条细长的直肠腺，腺体表面可见气管伸入其中，而直肠的其他部位均无，说明腺体代谢活动旺盛。直肠腺分泌物具有防止粪便腐败的功能，在越冬期，无法出巢排泄的蜜蜂，其粪便可以储存在直肠里长达 3 ～ 6 个月而不腐败。蜜蜂的内部器官见图 2-14。

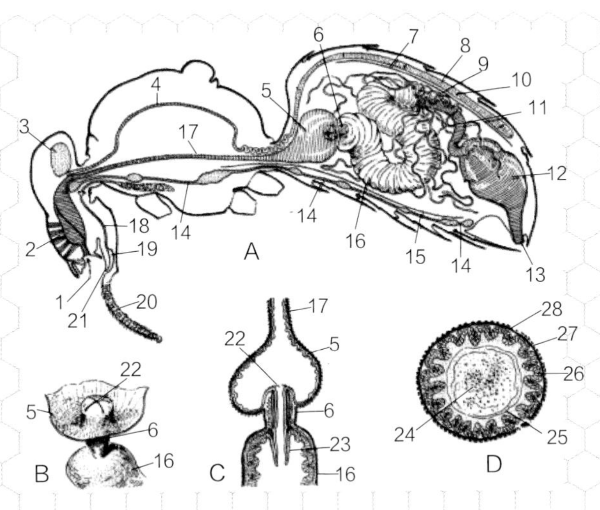

图 2-14　蜜蜂的内部器官（引自 Snodgrass）

A. 工蜂的纵切面　B. 蜜囊的剖面　C. 蜜囊、前胃及中肠前端的纵切面

D. 中肠的纵切面

1. 口　2. 食窦　3. 脑　4. 动脉　5. 蜜囊　6. 前胃　7. 背隔　8. 心脏　9. 马氏管　10. 心门　11. 小肠　12. 直肠　13. 肛门　14. 腹神经索　15. 腹隔　16. 中肠　17. 食管　18. 涎管　19. 涎窦　20. 中唇舌　21. 涎窦口　22. 前胃的口部　23. 前胃瓣　24. 食物　25. 围食膜　26. 中肠上皮细胞　27. 环肌　28. 纵肌

（四）马氏管

马氏管是细长的盲管，起始于中肠和后肠交界处，管的末端（盲端）伸入腹腔的各个部位，充分与血淋巴接触，以利于代谢废物进入马氏管，形成尿，随后进入后肠，与粪便一同排出。马氏管由单层细胞构成，管壁细胞外维，肌肉收缩可使马氏管扭动，有助于马氏管吸收废物。成年蜜蜂

的马氏管有 80～100 条，它们是蜜蜂主要的排泄器官。

七、血淋巴、循环器官

蜜蜂的血液也称为血淋巴，为无色或淡黄色的液体，由血浆及血细胞组成。其主要功能是将血液中的营养物质输送到机体其他组织器官，并将机体代谢产生的废物通过血液循环，经马氏管、直肠、气管系统和皮肤排出体外。血浆约占血液总量的 97.5%，仅能溶解微量的氧。血浆中含有各种蛋白质、游离氨基酸、非蛋白氮、无机盐、酶类和激素等。蜜蜂血糖主要以海藻糖、葡萄糖、果糖为主，机体储存的糖原很少，运动时所需要的能量主要由消化道中的糖转化而来，因此，运动的蜜蜂必须有充足的糖。血糖的浓度与虫态、年龄、性别和当时的活动情况有关。蜜蜂血淋巴中有 7 种血细胞：原白细胞、白细胞、中性粒细胞、嗜曙红细胞、嗜碱细胞、缩核细胞和透明细胞等。血细胞大部分附着于各种内脏的表面，少部分悬浮于血浆中。血细胞主要功能是吞噬血液中异物及死亡细胞和组织碎片。当器官组织受损伤时，血细胞会聚积于破损伤口处堵塞伤口或形成结缔组织促进伤口愈合。

成蜂的循环系统是开放式，背血管是系统中唯一的管状结构，它自腹部背侧末端一直延伸至头腔，背血管由前部的动脉和后部的心脏组成。心脏是主要的搏动器官，后端封闭，由 5 个膨大的心室组成；每个心室两侧均有 1 对小孔，称为心门，心门的边缘向内突入心脏，形成心门瓣。当心脏舒张时，心门瓣打开，血液被吸入心门；当心脏收缩时，心门瓣关闭，血液向前压入动脉。

成蜂腹腔被背隔和腹隔分隔成背血窦、围脏窦和腹血窦 3 个血腔。背隔位于第 3 ～ 7 节腹节上部，腹隔从后胸延伸至腹部末端第 7 腹节。背隔和腹隔侧缘有很多孔隙，隔膜上的肌肉可以控制隔膜运动，使血淋巴在 3 个血窦之间流动。心脏紧贴在背隔上方。心脏下面与腹节背板两侧的翼肌相连，翼肌收缩，可以促进心脏搏动。蜜蜂心脏搏动的频率随运动状态不同而改变。蜜蜂的循环器官见图 2–15。

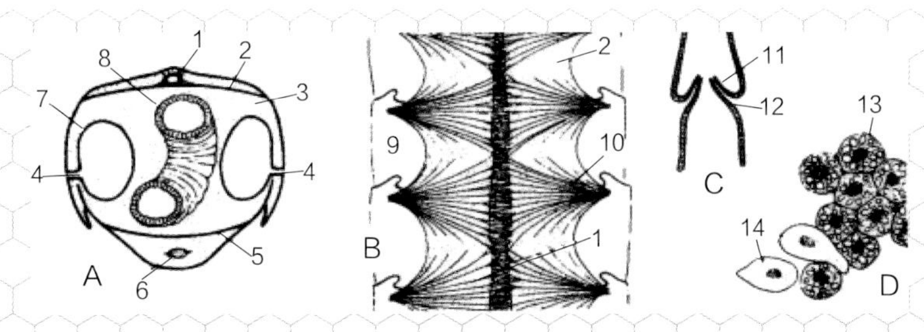

图 2–15　蜜蜂的循环器官（引自 Snodgrass）

A. 腹部的横切面　B. 心脏及背隔腹面观　C. 心门及心门瓣

D. 脂肪细胞和绛色细胞

1. 心脏　2. 背隔　3. 腹腔　4. 气门　5. 腹隔　6. 腹神经索　7. 气囊　8. 中肠

9. 背板　10. 心翼肌　11. 心门瓣　12. 心门　13. 脂肪细胞　14. 绛色细胞

动脉是引导血液向前流动的细小管道，起始于第一心室，向前进入胸部和头部，开口于脑的下方，在胸部区段有一些短促的弯曲。肌纤维收缩可控制血流的方向。

背血窦中的血液由心门吸入心室，经心脏搏动，血液向前进入动脉，最后由头部的血管口喷出，再向两侧和后方回流。血液流入胸部时，由于腹隔的波状运动，大部分血液流入腹血窦，其中一部分进入足内。血液经过腹隔的空隙进入围脏窦，又由于背隔的运动，通过背隔空隙回流入背血窦。背血窦的血液一部分进入翅内。

脂肪体

脂肪体由蜜蜂体内一些特化的细胞聚集而成，脂肪体表面与血淋巴充分接触，是能量物质储存的重要场所。脂肪体细胞内含有大量的线粒体和酶，促进脂肪的快速利用。例如可以分解脂肪酸的酯酶或脂肪酶，可以向细胞色素传递链提供氢的琥珀酸氧化酶和其他三羧酸循环中的酶，可以将氨基转移至另一个氨基酸上的转氨酶，可以将葡萄糖转换成海藻糖的葡萄糖合酶，与尿酸生成相关的脱氨基酶等。此外，脂肪体还含有核糖核酸，其作用是合成血液中的蛋白质和蜂王卵发育时的蛋白质。对于大多数昆虫来说，脂肪体在幼虫后期充分发育，在变态结束时消耗殆尽。而蜜蜂脂肪体含量呈现季节性变化，在冬季时出现，在夏季时消失。

八、呼吸系统

动物中，细胞代谢需要氧气，并且会产生代谢废物二氧化碳。因此，所有的动物都需要面对如何将氧气运送到身体的各个组织，同时如何去除产生的二氧化碳废物这些问题。某些小型的软体昆虫和一些昆虫的幼虫通过体表可以实现与外界的气体交换。而大多数昆虫，如果用体表呼吸，体表都太坚硬和密集，大部分的种类，包括极小的昆虫，在其体表都具有长而多分支的管状结构将外界的空气运送到身体内的各个组织。这些空气管称为气管，所有的气管组成了气管呼吸系统。

蜜蜂的呼吸系统由气门、气管、气囊和微气管等部分构成。气门是气管在体表的开口。成蜂胸部有3对气门，腹部有7对，均分布于体节两侧。第1对气门最大，位于前胸背板侧叶下，但被侧叶边缘稠密的刚毛所覆盖，所以从外面看不到。尽管蜜蜂的气孔有浓密的刚毛所覆盖，第1对气门可以被寄生性螨虫进入，并且在大的气管干上积聚，从而导致身体麻痹，即蜂螨病；第2对气门很小，位于中胸和后胸侧板上角之间，也被侧板所覆盖；第3对气门在并胸腹节的侧板上，第4～9对气门位于腹部前6节背板的下缘。最后一对气门隐藏在螫针基部。除第2对气门外，其他气门都具有关闭装置，能与蜜蜂的呼吸活动相配合。成年蜜蜂的呼吸运动，很大程度上受腹部体节的背腹肌和背纵肌的操纵，由于它们的收缩或扩张使得相应体节内的气囊体积变化，同时配合气门开闭，使得新鲜气体进入气管或体内气体排出气管。氧气经气门进入气管系统，最后经微气管进入耗氧组织，而细胞代谢产生的二氧化碳并不进入微气管，而是大部分排入周围的血淋巴中，再通过气管或体壁的柔软部分扩散出体外。静止的成年蜜蜂主要依靠第7对气门的开合进行呼吸。飞翔时，空气由第1对气门吸入，再由腹部气门排出。腹部伸展时，胸部气门张开，腹部气门关闭；腹部收缩时，情况相反，彼此交替开闭。

九、神经系统

成年蜜蜂的神经系统分为中枢神经系统、交感神经系统和周缘神经系统三个部分。蜜蜂的神经系统见图 2-16。

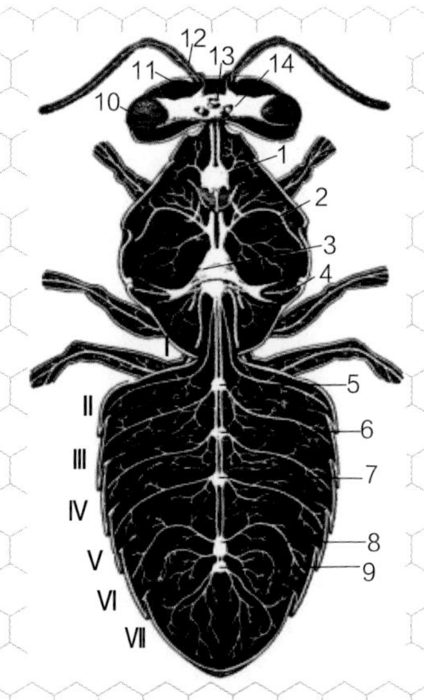

图 2-16　蜜蜂的神经系统（引自 Snodgrass）

Ⅰ～Ⅶ. 腹部第 1 节到第 7 节　1，3，5～9. 腹神经节　2，4. 伸到前翅和后翅的神经　10. 复眼　11. 视神经叶　12. 触角神经　13. 单眼　14. 前脑

（一）中枢神经系统

中枢神经系统包括脑和腹神经索，是最重要的神经组织。

1. 脑

位于头部食管背面，又称食管上神经节，可分为前脑、中脑和后脑。前脑最大，前脑背面有 3 条通向单眼的神经，两侧对称分布着发达的视神经叶，前脑中部有 1 对蘑菇体。视神经叶是视觉中心，蘑菇体是最重要的联络神经中枢，脑间部具有成组的神经分泌细胞，其神经轴突向后伸入心侧体，具有分泌、储存和释放脑神经激素的功能；中脑位于前脑之下，包括两个膨大的嗅神经叶，是触角的控制中心。后脑位于中脑之后，很不发达，分为左右两叶，后脑发出的神经到达额及上唇。三型蜂脑的发达程度有差异，如工蜂的蘑菇体比雄蜂的发达，而雄蜂的视神经叶比工蜂的大。经典和现代的神经解剖手段已经很好地运用到了蜜蜂的大脑上，蜜蜂的大脑体积仅有 1 ～ 2 毫米^3，却包含近 100 万个神经细胞。蜜蜂大脑的化学神经解剖学相当复杂，至今还未被完全解析出来。大部分的神经细胞利用相同的小分子神经递质相互联络，这些小分子的神经递质在人的大脑中也存在，例如谷氨酸盐、伽玛氨基丁酸、乙酰胆碱、多巴胺和 5- 羟色胺。但是存在一些神经分泌的神经元的离散群体，它们发出信号通过肽段（小分子蛋白）释放。一些肽段对于昆虫而言是独有的，一些还仍未被定位到具体的神经细胞上，仅仅是从基因水平的分析或者是通过复杂的化学分析手段得知这些肽段的存在。大脑的功能是调节生理和行为。

工蜂的脑、食管下神经节及头部主要神经结构示意图见图 2-17。

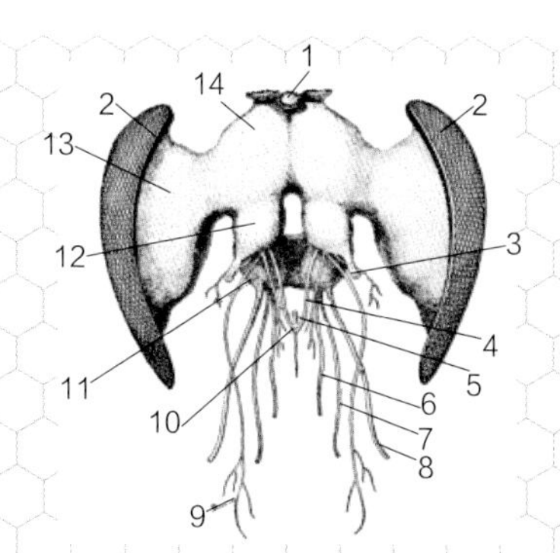

图 2-17　工蜂的脑、食管下神经节及头部主要神经（前面观）（引自 Snodgrass）
1. 单眼　2. 复眼　3. 触角神经　4. 额神经索　5. 回神经　6. 下唇神经
7. 下颚神经　8. 上颚神经　9. 上唇神经　10. 额神经节　11. 食管下神经节
12. 中脑　13. 视神经叶　14. 前脑叶

2. 腹神经索

位于消化道的下方，由食管下神经节、体神经节以及纵向连接各神经节的神经连索组成。食管下神经节为腹神经索前端的第一个神经节，由颚节，即 2 ～ 4 体节的 3 对神经节合并而成，位于头内食管腹面，发出的主要神经分别伸入上颚、舌、下颚、下唇、唾管和颈部肌肉等处，主要用来控制口器动作。

体神经节由胸神经节和腹神经节组成，有一定程度的愈合。胸部可见 2 对发达的神经节，第 1 对神经节位于前胸，连接 1 对前足；胸部第 2 对神经节最大，位于中后胸之间，由中胸、后胸、并胸腹节和第 2 腹节共 4 节神经节合并而成，控制足翅等附肢和肌肉的活动。腹部有 5 个神经节，其神经分布于各腹节，控制各腹节的活动；最后 1 对腹神经节，其发出的神经节分布于第 8 体节及其后体节、生殖器官及后肠等处。

（二）交感神经系统

交感神经系统主要支配内脏器官的活动。成年蜜蜂的交感神经主要由口道交感神经和腹部最后一个复合神经节组成。口道交感神经位于前肠背面，由额神经节、后头神经节和蜜囊神经节及其神经分支组成。额神经节位于脑的前方，食管背面，由两根额神经节与后脑相连。额神经节发出的神经通向唇基、上唇等处，调控取食时口器的动作。

腹部最后一个复合神经节发出侧神经通向后肠、生殖器官和气门，因此也具有交感神经的功能。

（三）周缘神经系统

周缘神经系统包括与中枢神经系统相联系的、分布全身的感觉神经纤维（传入神经纤维）、运动神经纤维（传出神经纤维）以及与它们连接的感受器和反应器。

感觉器是接受体内外刺激的器官，它们均由外胚层发育而来，各有不同的结构特点。感觉器按功能分有触觉器、嗅觉器、味觉器、听觉器和视觉器等。

1. 触觉器

触觉器主要有毛形感受器和钟形感受器两种。成年蜜蜂体表的毛形感受器由一圈非常薄的皮膜与表皮相连，刚毛基部与神经细胞相连。蜜蜂触角上的触角和嗅觉器官，把获得的触觉和嗅觉联系在一起，使物体的形状和相应的气味建立起关系。

在成年蜜蜂的头和前胸之间、胸和腹之间关节的两侧有 4 丛重力感觉纤毛，蜜蜂头向前倾和向后倾时对纤毛产生不同的压力，可使蜜蜂感受到它在空间与重力的相对位置。胸腹之间的重力感觉纤毛也具有同样的功能。某些毛形感受器还具有检测气流的能力。

钟形感受器具有检测表皮压力的功能，分布于工蜂和雄蜂的触角鞭节等附肢上。蜜蜂翅基有 1 500 个钟形感受器，每只足上有 400 ～ 600 个，螫针上有 100 个，口器与触角基部也有分布。

2. 嗅觉器

嗅觉器是感知气体分子的器官。板形感觉器是蜜蜂最主要的嗅觉器官，为一稍有凸起的卵圆形外膜，外膜盖在一个坛形腔上，外缘与体壁相连，直径 12 ～ 14 微米。膜上有直径约 0. 1 微米的小孔 5 000 个，气体分子可以进入，并使下端的神经感知。蜜蜂的嗅觉器官分布于触角的鞭节上，即蜂王和工蜂触角的 3 ～ 10 节，雄蜂的 3 ～ 11 节上。雄蜂的板形感觉器在鞭节上的数量比工蜂多 5 ～ 10 倍。

3. 味觉器

味觉器是感受化学物质刺激的器官。蜜蜂主要的味觉器是锥形感受器，位于口器、触角和前足跗节上。锥形感受器为圆锥体刚毛，在工蜂触角鞭节第 3 ～ 10 节上分布，而雄蜂无此感受器。推测它们也有嗅觉功能。它们对浓度低于 2% 的糖液不感兴趣，但能区分出 4% 和 5% 的糖液浓度。对浓度较高的糖溶液取食量较大。触角上的味觉器的灵敏度高于口器味觉器，前足味觉器灵敏度较差。

4. 听觉器

听觉器是感受声波的器官。蜜蜂的听觉器有多种，如膝下器和毛形感觉器等。膝下器位于蜜蜂 3 对足的胫节关节处，内含 48 ～ 62 个感觉细胞，是接受物体传递的声波，所接受的声波频率范围为 1 000 ～ 3 000 赫兹，最大振幅在 2 500 赫兹。例如，工蜂的膝下器可感知由蜂王翅振引起的巢脾振动，使工蜂产生一定的反应。另外位于头部复眼及后头间的部分毛形感受器也能感受空气传递的声波。感觉毛呈弧状，长 600 ～ 700 微米，毛的表面两侧具刚毛状突起，端部至基部刚毛渐减少。当声波振动使毛倾斜时才产生振动脉冲，感受器才有反应。如在 70 分贝时，感觉器的反应是一个脉冲，而 83 分贝时为 3 ～ 5 个脉冲。随着声音持续时间及强度的增加，脉冲数也随之增加。但当脉冲持续 1 分钟时，脉冲减缓。蜜蜂对由气体或物体传递来的声波有较强的感受能力。当蜜蜂群体相互联系，发出信号的蜜蜂翅振动产生的音强为 86 分贝时，1 米内的蜜蜂均可感受到；75 分贝时 0.5 米内的蜜蜂均可感受到。

5. 视觉器

视觉器包括 1 个由数千个小眼嵌合而成的复眼和 3 个单眼组成。蜜蜂复眼对空间的分辨能力较差，但有很好的时间分辨本领，能够看清快速运动的物体，并做出反应。蜜蜂复眼感受波长是 300 ～ 650 纳米，而人眼的感觉范围是 400 ～ 800 纳米，因此蜜蜂无法感受波长 800 纳米的红色，却能感受人无法感受的 350 纳米的紫外光。而且蜜蜂对紫外特别敏感，那些能反射紫外线的花对蜜蜂很有吸引力。蜜蜂复眼还能感受偏振光，因此，阴天时蜜蜂也能根据天空反射的偏振光确定太阳的方位，进行定向和导航。工蜂的每个单眼角膜下约有 800 个光感受细胞，它主要感受光的强弱，决定每天起始出勤和结束出勤飞行的时间。此外，还为工蜂保持水平飞行提供视觉保障。

十、其他的感受器形态

（一）二氧化碳检测器

许多昆虫具有可以感知二氧化碳浓度升高的受体。在果蝇中这些受体是位于触角的感觉神经细胞，在蚊子中是触须表达特殊的 G 蛋白偶联受体分子。编码这些二氧化碳受体的基因已经在其他昆虫的基因组测序过程中被鉴定出，包括蚕蛾和赤拟谷盗，但是这些二氧化碳受体在蜜蜂基因组测序中仍然未被鉴定出 [52]。研究发现蜜蜂触角中的神经元细胞会对二氧化碳做出响应，并且蜜蜂会增加巢内的通风来降低二氧化碳浓度 [53]，但是二氧化碳受体的识别仍然是未知的。

（二）磁场感受器

蜜蜂会对地球的磁场和外界施加的磁场做出响应。其他的生物体具有感知包含铁颗粒的磁场，例如磁铁矿。研究表明已经在蜜蜂的腹部内发现有含铁化合物的存在。物理学研究发现蜜蜂天然含有铁蛋白纳米颗粒[54]，组织学研究表明类似于绛色细胞的细胞在蜜蜂腹部的每一个体节上都形成一个神经细胞分布的薄片，且薄片上的每一个细胞在细胞质中都具有许多不透明电子含铁颗粒物[55]。1994 年 Hsu 和 Li 就曾描述过在蜜蜂腹部的脂肪体神经细胞中的含铁颗粒[56]。其他研究表明这种含铁颗粒并未参与到磁场感应中，含铁颗粒是铁稳态中的一种成分[57]。而 2007 年 Hsu 等人又通过在脂肪体细胞中出现的信号如何传递到神经系统的模型进行了反击[58]。有关这方面的争议仍然有待进一步的研究。

（三）温湿度感受器

早在 20 世纪 80 年代在蜜蜂的触角上就鉴定出热敏感神经细胞和湿度感受器[59]。电镜研究已鉴定出一种腔锥形感受器，这种腔锥形感受器是蜜蜂的初级温湿度感受器[60]。腔锥形感受器的外部结构是一个窄的圆柱鞘内的无孔、蘑菇状的突出物，与钟形感受器有许多相似之处。这些感受器的结构和分布的更进一步的细节仍然有待深入研究。

十一、生殖系统

通常昆虫的生殖系统包括外部和内部结构，但是蜜蜂的生殖系统几乎完全是内部结构，雄蜂的阴茎器官是位于腹部的一个大的囊，仅在交配时才会外翻出来。生殖器官仅在蜂王和雄蜂中可以完全发育成熟。而工蜂的雌性器官虽然存在，但是在尺寸上显著减小，且仅在特殊的环境条件下工蜂才会产卵。成熟的雄性和雌性的生殖细胞，分别称之为精子和卵子。它们是从最初的生殖细胞发育而来，从幼期胚胎中分离出来，从外形上是无法与其他的体细胞区别开来。

（一）雄性生殖器官

由1对睾丸、2条输精管、1对储精囊、1对黏液腺、1条射精管和阴茎组成。睾丸是位于雄蜂腹腔两侧的1对扁平扇状体，内有众多细小的精管，精子就在精管里产生并成熟。睾丸连接一段细小的螺旋状扭曲的输精管，然后与长管状的储精囊相连。2个储精囊后端弯窄，分别与1对大的黏液腺的基部相连。两个黏液腺基部再汇合成一根细长的射精管，射精管通入一根较长的阴茎，在交配时，阴茎外翻。西方蜜蜂的球状部背侧，有1对黑色板片；扭弯的颈状部下缘有一排新月形的深色加厚部分，其背壁上着生1个具有穗状边缘的片状结构。阴茎囊末端是一稍大的开口，背侧有1对囊状的角囊。阴茎的开口位于肛门之下、两阴茎瓣之间。阴茎瓣基部各有一小的阴茎基侧突。雄蜂的生殖器官见图2-18。

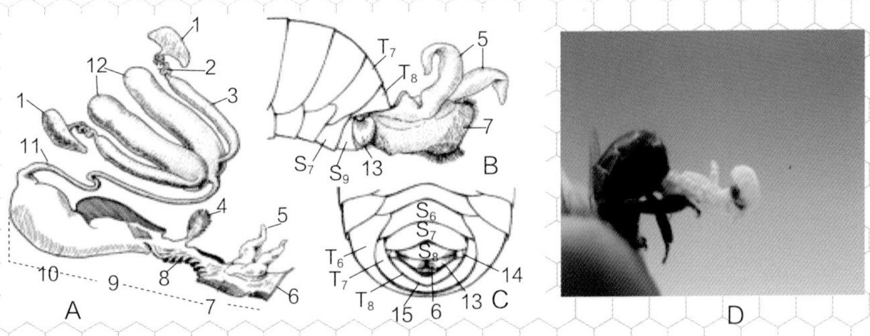

图 2-18 雄蜂的生殖器官（引自 Snodgrass）

A. 内部的生殖器官（左侧面观） B. 雄蜂腹部末端并附部分外翻的阳茎

C. 雄蜂腹部末端的腹面观 D. 外翻的雄蜂外生殖器（李建科 摄）

1. 睾丸 2. 输精管 3. 贮精囊 4. 穗状突 5. 囊状角 6. 阳茎口 7. 阴茎囊 8. 颈状部 9. 阴茎 10. 球状 11. 射精管 12. 黏液腺 13. 阴茎瓣 14. 阴茎基侧突 15. 肛门 T_6 ~ T_8. 第 6 ~ 8 腹节的背板 S_6 ~ S_9. 第 6 ~ 9 腹节的腹板

雄蜂的睾丸，在幼虫期只有很小的原基，到蛹期充分发育，位于蛹腹的中部。睾丸外有皮膜包裹，皮膜内有无数条精管，管内产生精子。雄蜂是单倍体，精子在发育过程中不需要进行减数分裂。精原细胞经多次分裂后，形成圆形的精母细胞，再继续发育成带尾的初级精子细胞，最后形成头小尾长的精子。雄蜂发育成熟羽化出房时，精子通过输精管进入储精囊暂时储藏。

（二）雌性生殖器官

由卵巢、输卵管、受精囊、附性腺和外生殖器组成。蜂王和工蜂均是雌性蜂，但蜂王的生殖器官发育完全，而工蜂的发育不完全，形态及功能上有较大差别。蜂王有 1 对巨大的梨形卵巢，位于腹腔两侧，占据了腹腔的大部分空间。西方蜜蜂蜂王每个卵巢由 100 ～ 150 多条卵巢管紧密聚集形成，东方蜜蜂的卵巢管数量稍少些。每条卵巢管由一连串的卵室和滋养细胞室相间组成，卵在卵室内发育，成熟的卵从卵巢基部进入侧输卵管。2条侧输卵管再汇合成中输卵管，中输卵管末端膨大形成阴道。阴道口位于螫针基部下方，两侧各有1个侧交配囊的开口。阴道背面有一圆球状的受精囊，是蜂王接受并储存精子的器官，精子在受精囊中储存数年仍可保持旺盛的活力。受精囊上有1对受精囊腺，汇合后与受精囊管的顶端相连。受精囊管与阴道相通，卵经过阴道时，精子由储精囊中释放出，通过卵孔进入卵内进行受精。工蜂的卵巢显著退化，仅有3～8条卵巢管，受精囊

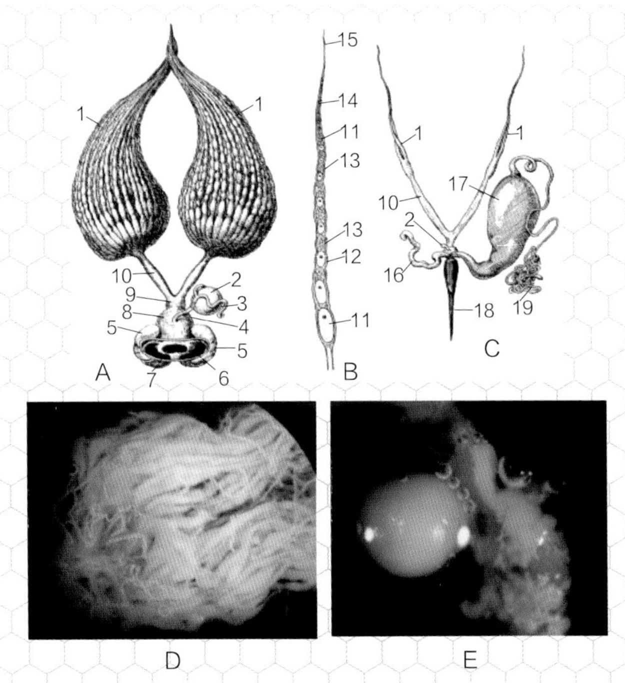

图2-19　蜂王和工蜂的生殖器官（A～C图引自Snodgrass，D～E图黄志勇　摄）

A. 蜂王的生殖器官　B. 单根卵巢管示意图　C. 工蜂的生殖器官和螫刺器官

D. 产卵蜂王体内卵巢　E. 蜂王体内储精囊

1. 卵巢　2. 受精囊　3. 受精囊腺　4. 受精囊管　5. 侧交配囊　6. 侧交配囊口　7. 阴道口　8. 阴道　9. 中输卵管　10. 侧输卵管　11. 卵细胞　12. 卵室　13. 滋养室　14. 未分化的生殖细胞　15. 端丝　16. 碱腺　17. 毒囊　18. 螫针　19. 毒腺

仅存痕迹。其他附属器官也退化，无交配能力。蜂王和工蜂的生殖器官见图 2-19。

蜂王的授精和卵的受精

在交配的时候，通过雄蜂阴茎外翻插入雌性的阴道内，阴茎的球状部位里的大量精子排出体外。当已经交配完的蜂王脱离雄蜂后，雄蜂阴茎的球状部位仍然保存在蜂王的生殖道内，而雄性器官在阴茎的球状部和颈状部之间已经被撕裂。雄蜂排出的精子首先储存在膨大的侧输卵管内。雄蜂阴茎的球状部位一旦保留在雌性的生殖道内，附属腺体的分泌物便会从阴道内移出，通过肌肉的收缩使精子进入阴道。在阴道内精子被阴道壁的折叠处拦住，使得精子通过受精囊导管直接进入受精囊。储存在受精囊内的精子在蜂王的整个产卵周期内都会保持活力，并且蜂王在其婚飞交配的过程中会与多只雄蜂连续交配。

当位于卵巢内的卵准备排出时，卵泡的较低端会打开，将卵通过输卵管运送到阴道内。废弃的卵泡发生萎缩并被吸收。卵巢管通过在新的卵形成的上末端处恢复其长度。考虑到蜂王的两个卵巢内有大量的卵巢管，可以很清楚地了解卵是如何连续的成熟并且不断地被运送到阴道内的。

当卵通过输卵管进入阴道，卵经历了最后一个成熟的过程。这包括卵核连续的两次分裂。新的卵核中的一个成为明确的卵核。所有真核细胞的核都包含有 DNA 和组蛋白形成的染色质。蜜蜂的雌性具有 32 条核染色体（二倍体），而雄性仅有 16 条核染色体（单倍体）。

第一次卵核的分裂，一半的染色体分别形成一个新核使卵核的染色体数目减少为 16 条染色体。第二次卵核的分裂，染色体发生复制和分离，保证每个卵核中染色体数目都为 16 条。现在卵已经准备好与储存在受精囊内的精子结合，但只有发育为雌性幼虫的卵会被受精。当一个包含有 16 条染色体的精子通过卵孔进入一个卵子，精核和卵核融合在一起，染色体数目加倍。未受精的卵只有 16 条染色体（因此仅有 *csd* 基因的单拷贝），最终发育为雄蜂。最后卵从蜂王的螫针基部的阴道口排出，而受精的卵最终发育为蜂王还是工蜂取决于幼虫时期饲喂的食物的差异。

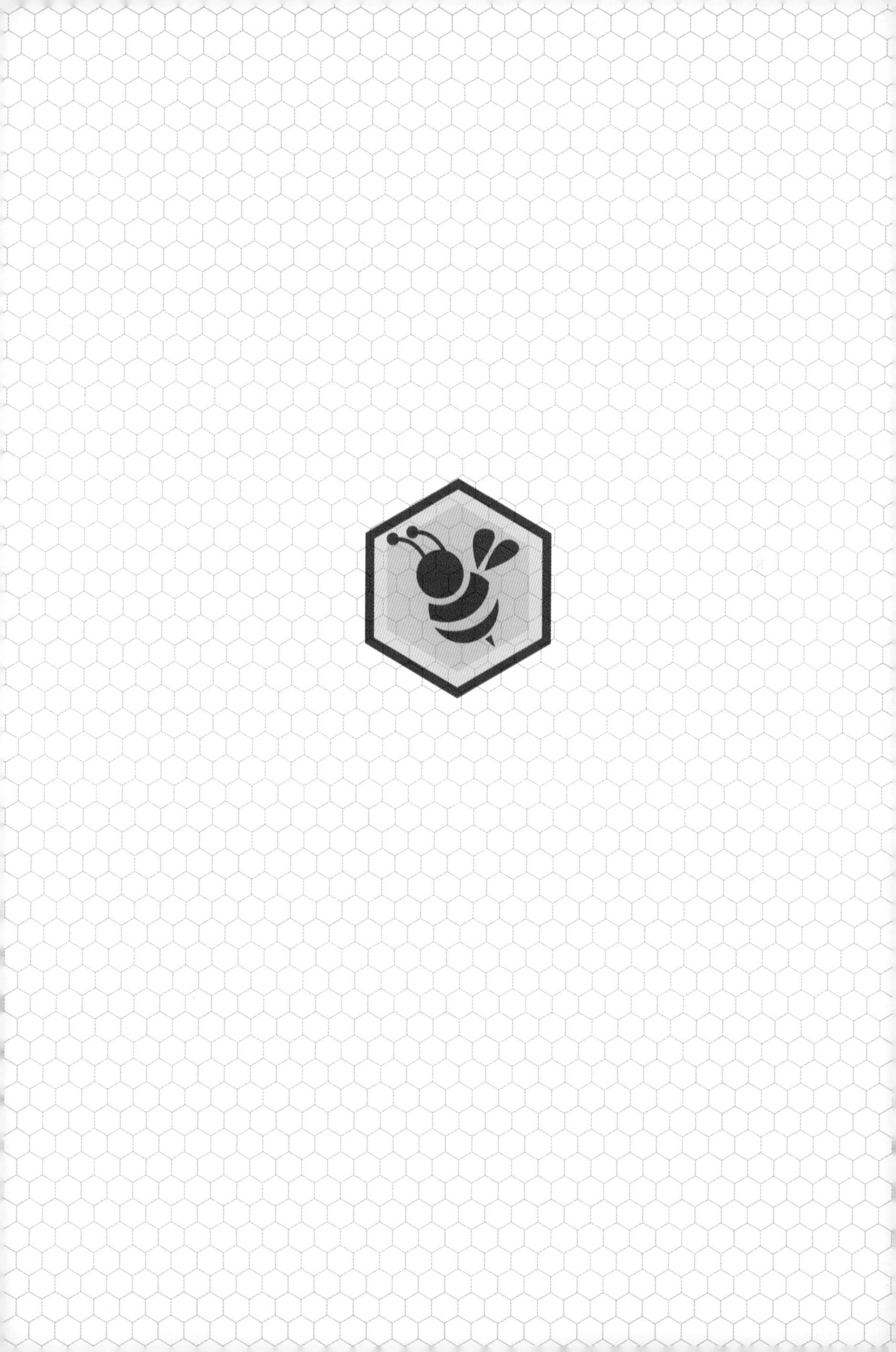

专题三

蜜蜂个体生理学和群体生理学

研究蜜蜂生理学就是研究其丰富多彩生命活动的过程。蜜蜂个体生理学与其他蜂类或昆虫无明显差别。然而，由于蜜蜂是完全社会性昆虫，群体生理行为与个体行为之间有明显的差异，因此有很多基于蜜蜂社会群居方面的问题值得研究。本专题将分为两部分进行介绍，第一是蜜蜂个体生理学，第二是蜜蜂群体生理学。

一、蜜蜂个体生理学

（一）表皮系统

蜜蜂的外壳称为外骨骼或表皮，其主要作用是将内部环境与外部环境分离开来，以维持蜜蜂体内的动态平衡。外骨骼能隔绝水与空气，防止因水分蒸发导致蜜蜂失水死亡，但外骨骼上也有孔道，可以进行气体和营养物质的交换。外骨骼主要包含蛋白质、几丁质和石蜡三类物质。壳硬蛋白增强了外骨骼的坚硬性，节肢弹性蛋白增加了内角质层的灵活性与延展性。几丁质是一种含氮的多聚糖，其化学结构与植物纤维素相似。几丁质不溶于水、酒精、稀酸和碱等物质，也不能被哺乳动物的消化酶所分解，但可以被某些细菌、昆虫和陆地蜗牛等的分泌物消化分解，其纤维特性与玻璃纤维相近。石蜡位于外骨骼的表面，能防止水分蒸发，也使得蜜蜂不易被雨水淋湿。蜜蜂体表和体毛结构见图 3-1。

图 3-1　蜜蜂体表和体毛结构（李建科　摄）

A、B. 工蜂体表绒毛　　C、D. 雄蜂头部和胸部绒毛

体毛分布于蜜蜂身体各个部位，可用于分析蜜蜂的系统发生关系[61]。这些体毛从蜜蜂羽化开始就存在于蜜蜂身体表面，并随着蜜蜂年龄的增长逐渐磨损消失。较长的体毛在花粉采集和运输过程中起重要作用，同时体毛与胸部的短毛起到热保留功能，在低温时蜜蜂可以聚集取暖[62]。

（二）消化和新陈代谢

蜜蜂是一种植食性昆虫，以花蜜和花粉两种物质为主要营养来源。花蜜主要给蜜蜂提供高能量的糖类，也能提供少量的氨基酸、脂质、矿物质、盐分以及维生素[63]，而花粉是蜜蜂唯一的蛋白质来源。在自然环境中，花蜜的糖含量变化范围很大，在多雨的地方由于花内几乎全是水珠和雨水，花蜜有可能低至0，在干旱的地区因为水分蒸发，所以糖浓度可能高至80%。一般情况下，在有花的作物中，花蜜的糖分平均含量为40%[64]。蜜蜂采集花蜜见图3–2。

图3-2　蜜蜂采集花蜜（李建科　摄）

蜜蜂的消化道主要包括前肠、中肠（消化酶分泌以及物质吸收的场所）和后肠。前肠由咽、食管、蜜囊和前胃组成，可以将食物运送至蜜囊中储存起来。蜜囊中的唾液转化酶已经能够开始消化食物，例如，将多糖转化成单糖，但花粉的消化发生在中肠，在蛋白水解酶的作用下才能进行。所以中肠才是各种营养物质消化和吸收的主要场所，这些营养物质通过膜状的肠壁吸收后进入血淋巴中。后肠是水分和无机离子吸收的场所，其中无机离子在保持血液离子平衡方面起到重要作用。此外，粪便也是在后肠中形成，然后经肛门排到体外。对花粉在蜜蜂肠道中代谢的研究表明，蜜蜂取食30分钟后，花粉到达中肠前部，再过30分钟后进入中肠中间区域，并开始分解，花粉中的营养成分在接下来的2小时内释放至外界环境并被吸收，分解代谢后的花粉残渣将会于15小时后在直肠中发现[65]。

糖类主要以糖原和海藻糖的形式储存在蜜蜂体内，前者储存于组织细胞中，后者存在于血淋巴中，糖原和海藻糖都可以随时转化成可以被直接利用的葡萄糖。糖原（一种含有支链的多糖）是生物体内的高能物质，由多个葡萄糖组成的带分支的大分子多糖，分子量一般在 10^6 ～ 10^7 道尔顿，最高可达 10^8 道尔顿，分子中葡萄糖以 α-1，4- 糖苷键相连形成直链和以 α-1，6- 糖苷键相连构成支链。葡萄糖通过一系列化学反应合成糖原后储存于脂肪体、飞行肌和肠组织中，合成途径与脊柱动物体内的反应过程类似，需要磷酸葡萄糖变位酶、糖原合酶和糖原分支酶等酶参与。蜜蜂体内糖原的含量随着年龄的增长出现变化，它分解成葡萄糖和海藻糖也受体内新陈代谢和激素的调节。血淋巴中的海藻糖可以很容易水解成葡萄糖为肌肉提供能量，因而是一种重要的能量储备形式。海藻糖的合成主要在脂肪体中进行，分解主要在血淋巴中进行。这些糖的代谢物能够生成支持细胞生命活动的"能量货币"——腺苷三磷酸（ATP），ATP 提供肌肉收缩所需要的能量。此外，氧气是高能物质分解代谢中电子传递链的最终受体，对高效利用碳水化合物十分重要，尤其是在蜜蜂飞行和摇摆舞动时。

（三）呼吸

1669 年，意大利的生理学家 Marcello Malpighi 通过调查发现，昆虫具有特殊的呼吸方式，即由气门和气管组成的呼吸系统，气门相当于它们的"鼻孔"。气管通过外骨骼气孔与外界相通，直径大约为 2 微米，分支成的微气管直径为 0.6 ～ 0.8 微米，长度为 200 ～ 400 微米，在微气管终端其直径只有 0.2 ～ 0.5 微米。据调查，蜜蜂的呼吸速率是每分钟 40 ～ 150 次，在静止和低温时，呼吸较慢，在活动和高温条件下呼吸频繁，如空气不足和温度过高，会造成呼吸困难，增加体力消耗，甚至造成死亡。

蜜蜂细胞内氧气和二氧化碳的平衡是通过微气管中的气体交换来维持的。当微气管与细胞中的线粒体相距只有几微米的时候，其中的氧气可以快速进入细胞内。通过这种方式，微气管每分钟可以给每克飞行肌提供 4 毫升氧气，完全能够满足蜜蜂的飞行需求。二氧化碳的清除也是通过同样的扩散方式，还能直接通过组织和表皮排出体外，而氧气则不能。碳酸酐酶在释放二氧化碳的过程中发挥重要作用，该酶催化碳酸的形式为 $H_2CO_3 \rightarrow H_2O+CO_2$。蜜蜂能够通过腹部的伸缩运动来增强气体交换，这类似于手风琴的纵向移动，增加了微气管系统中气体更新的速度。中枢神经系统的呼吸中心可能位于神经节和胸腔部位，神经节和胸腔中氧气浓度的降低或二氧化碳浓度的增高都可能会改变这些部位的酸度值，从而刺激呼吸中心。

（四）血液循环系统

蜜蜂具有开放式血液循环系统，血液（或称血淋巴）充满了蜜蜂体腔。蜜蜂血液循环的主要器官是心脏，它是一条长管，始于腹部，沿腹背经胸部而开口于头部脑下，所以又叫背血管。心脏前端细长部分叫动脉，每个心室的侧壁经心门进入心室，心室扩张时就由心门吸入血液，收缩时将心门关闭，同时将血液从后往前推动，经大动脉进入头部，在头部流出血管，再回流到体腔两侧，最终离开血管的血液逐渐渗透回组织，然后流入心脏。在较高温度下，血液循环能够使大脑保持相对较低的温度[66]；在较低温度的环境下（5℃），脑中会补充更多的循环血液以提供能量[67]。一般情况下，蜜蜂的血压可能小于周围大气压，所以需要坚硬的外壳保护内部组织。在运动过程中，蜜蜂血压会有所增加。

蜜蜂与哺乳动物的心脏相似，血液在心脏收缩的压力下进入各器官，即心脏收缩产生正向的压力使得血液向前进入主动脉。在胸部，一些具有收缩性的组织围绕在血管周围，这可以帮助胸腔中的血液进入翅脉，随后回到体腔。心跳是心脏自身控制下有规律的肌肉运动，不需要任何高级神经中枢驱动，但心跳速率受神经和激素的影响，比如乙酰胆碱和肾上腺素会导致心跳加快。

蜜蜂血淋巴中的蛋白质已经通过电泳和抗原–抗体共沉淀两种方法鉴定，并且已分离得到 20 多种蛋白质。蜜蜂血液中的氨基酸浓度很高，大约是人体血液的 20 倍，血液内分子浓度是哺乳动物的 2 倍。浆细胞会随着血液在蜜蜂体内循环，必要时黏附在组织表面并清除死亡的细菌或组织细胞。和哺乳动物相比，蜜蜂血液没有运输氧气的功能，而是通过气管实现交换气体。氧气和二氧化碳同时存在于体液中，而后者的溶解度更高，所以血液运输二氧化碳可能比直接运输氧气更重要。血液还能把营养物质和激素运输到达各个组织，把代谢废物运输至排泄器官，同时在一定程度上它是营养物质的储存者。在幼虫时期，蜜蜂没有形成血液凝结机制，无法通过血液凝结封闭伤口。

除此之外，血液循环还能在蜜蜂身体不同部位间传递液体静压和热量。

（五）盐和水平衡

蜜蜂体内有马氏管，与哺乳动物的肾小球结构相似，主要控制盐分和水分的平衡。马氏管位于消化道中后肠交界处，为细长管状物，由一层细胞组成；其基端开口于中肠和后肠的交界处，盲端封闭游离于血腔内的血淋巴中。它们表面有微绒毛，这极大增加了表面积从而能够更好地运输水分、盐分、代谢终产物和副产物（含氮化合物、含硫化合物和磷酸盐）、酸、碱和一些离子，其中尿酸是蛋白质（花粉）代谢的终产物。最初的尿液与血淋巴是等渗的，但是由于水分和其他一些化合物的再吸收，最终从肛门排出的尿液的组分会发生变化。最后经过马氏管的尿液是微黄色的，这主要是由于尿液混合了一些无法消化的食物残渣。蜜蜂体内水分充足时，尿液变稀，相反，蜜蜂失水时尿液会浓稠一些。在蜜蜂幼虫阶段，排泄物积累在肠中，直到化蛹前才排出到巢房底部，因此不会污染幼虫周围的食物。到了蛹期，排泄物会积累堆集在肠中，羽化时排出体外。

蜜蜂呼吸时会丧失大量水分，这是蜜蜂失水的主要原因。蜜蜂气孔吸入的气体与周围空气的含水量相同，但排出的气体含水量高。在低温条件下，将蜜蜂置于一个玻璃瓶中，可以观察到瓶内壁上凝结的水珠，这就是蜜蜂散失的水分。蜜蜂水分丧失的另一途径是体表水分的蒸发，石蜡覆盖的表皮可以防止大部分水分的蒸发，因此水分蒸发的主要途径还是通过气孔的蒸发。当环境温度升高时，水分的蒸发速率也随之加快。

（六）神经功能和感官生理

1. 神经功能

蜜蜂中枢神经系统主要由神经节构成，控制着身体各部分，大脑就是口前的三段神经节的聚合体。相邻的神经节通过一对神经索相连，神经节由神经元细胞体组成，神经元细胞体不是直接处于血淋巴环境中，而是由神经胶质细胞包覆并提供营养。

神经冲动或脉冲的产生取决于神经膜对其两侧的钠离子和钾离子的通透性。当刺激改变了膜的通透性并达到一定条件时，钠离子就会大量内流，从而产生神经冲动。神经元输入的信号经中枢神经集成处理后，引发蜜蜂各种复杂的行为，如觅食、搜索、决策、学习和记忆等。

2. 感官生理

蜜蜂的感受器对于外界各种刺激都十分敏感。蜜蜂体毛是机械性感受器，受到机械性刺激（触摸和重力）压迫变形时，会做出反应。化学感受器（味觉、嗅觉）主要位于触角，对周围的化学物质十分敏感。花蜜中的糖浓度即使低达 1% ～ 2% 时也能被蜜蜂辨别，但这不能与蜜蜂采集时能接受的糖浓度临界值相混淆。如果蜜、粉源充足，蜜蜂采集能接受的糖含量将会高于 40%，而在温带地区的秋天，当植物开花很少时，即使糖浓度低达 5% 的花朵也可能会被蜜蜂采集。蜜蜂可以灵敏地区别多种糖类物质，如果糖、葡萄糖、蔗糖等，也能感知盐类和其他味道。

化学感受在群体协调和集体行为中起到重要作用，特别体现在蜂后和工蜂的化学信息素交流中。像苍蝇一样，蜜蜂可以释放足迹化学混合物，其成分已经通过色谱技术分析得到鉴定，主要包括烷烃、醇、有机酸、醚、酯和醛。睑板腺是一个重要腺体，不同级型分化的蜜蜂睑板腺分泌物不同，蜂王分泌 12 种特有化学物质，工蜂分泌 11 种其专属的化合物，雄蜂只分泌 1 种其特有的物质。

蜜蜂体表还分布有对温度、空气中二氧化碳和水蒸气含量等敏感的受体神经元。蜜蜂有 1 对复眼和 3 个单眼，都具有感受光强度的受体。每只复眼由若干小眼构成，每个小眼记录来自视野内小区域的平均光强度，经整合后，形成完整的图像。复眼还能感受偏振光和波长为 0. 30 ～ 0. 65 微米的紫外光[68]。借助这些视觉感受器，蜜蜂能有效地辨别形状、对比度以及附近物体的运动情况。

蜜蜂听觉感受方面的研究较少。用“C”形音叉敲击玻璃时，蜜蜂活动瞬间减慢，说明它们能感受振动。蜜蜂也产生各种各样的声音，大多数声音的产生与翅膀的振动频率有关，蜂后发出的声音和工蜂的高频振动声音也能被蜂巢内危害蜜蜂的蜡螟听到[69]。

（七）生殖发育

与许多昆虫相同，蜜蜂经历卵、幼虫、蛹、成虫四个阶段的完全变态发育，整个过程都在巢房中完成，发育过程包括生长和形态形成（图 3–3）。血液中的某些激素（如保幼激素）在蜜蜂发育和劳动分工中起重要作用，但人们对蜜蜂分化的细节仍不清楚。保幼激素由咽侧体分泌，控制蜜蜂变态和生殖发育。保幼激素在蜜蜂发育的各个阶段都存在，其浓度通常在幼虫阶段高，用以促进幼虫生长发育，但不促进变态，保幼激素的含量在蛹期比较低。发育完成后，成虫破蛹而出。随后，成虫会立即清理它和它周围的巢房，蜜蜂很快就学会用储存在巢房中的蜂蜜和花粉喂养幼虫。几天后，它头中的下咽腺成熟，产生一种富含蛋白质的高营养物质——蜂王浆，喂给 3 日龄以内的幼虫和蜂王。随着发育，它们会承担诸如保卫、采蜜等其他角色。

保幼激素、食物和其他信息素共同控制蜜蜂等级分化。例如，工蜂卵巢不发育就是因为受蜂王信息素影响导致其保幼激素含量较低，工蜂获得蜂王信息素后，通过交哺行为（口对口交换液体食物）传递到其他个体。蜂王的发育还与其只吃蜂王浆有关。蜜蜂性别和性别间的形态学差异是由遗传决定的。雄蜂是由未受精卵发育而来的单倍体工蜂（$1n$），而工蜂和蜂王是由受精卵发育而来的二倍体雌蜂（$2n$）。研究表明，处女王可以通过二氧化碳气体麻醉诱导人工产卵，但产的都是未受精卵。蜂王成体内分泌系统对卵的发育几乎没有影响，但可能影响自身的性行为。

一定时间后，蜜蜂器官和机能会出现老化现象，它们的飞行能力逐渐减弱，而且偏好较低温度。老化现象涉及内部超微结构和生理生化等的许多方面，这些变化可能都受遗传因素的控制。

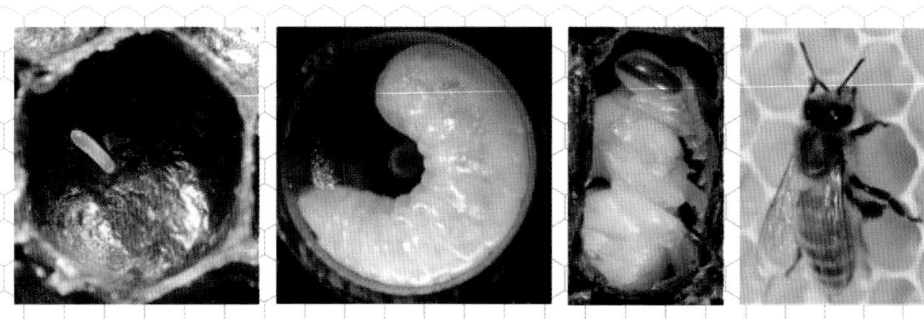

图 3-3　蜜蜂发育的四个阶段（从左至右依次为卵、幼虫、蛹和成蜂）（李建科　摄）

（八）肌肉

在脊椎动物中，单个神经冲动通常引起单次肌肉收缩，这种方式也适用于蜜蜂爬行时的肌肉收缩机制。蜜蜂爬行时，通常先移动一侧的第 1 和第 3 条腿与另一侧的第 2 条腿，然后再移动其他腿，如此交替运动。当然，蜜蜂的爬行方式会随着爬行速度发生变化。研究者已经发现，中枢神经系统控制很多昆虫的运动行为，感觉反馈在每一步中都很重要。同其他昆虫一样，蜜蜂的飞行肌是纤维状肌，其收缩与神经冲动之间并不同步，肌肉收缩频率比神经冲动频率高很多。

储存在飞行肌中的糖原只能支持翅膀飞行或颤抖 10 ～ 20 分钟，能量的补充主要来自血液中的海藻糖以及蜜囊中的糖类物质。钾和钙离子在肌肉收缩中起到很重要的作用。当蜜蜂从花中采集花蜜时，血淋巴中的糖含量约为 2. 6%。当血糖浓度降低到 1% 以下，蜜蜂则不能再飞行。当血糖浓度低于 0. 5% 时，蜜蜂会静止不动。连续飞行 1 小时需要高达 10 毫克的糖来为飞行肌肉提供动力。通常血糖能为蜜蜂提供约 15 分钟的飞行时间（约 5.5 千米的距离）。当蜜蜂被饲喂高浓度糖溶液时，它们的飞行速度可达 29 千米 / 时，而喂食稀溶液时的飞行速度会减慢到 4 ～ 7 千米 / 时。

（九）体温控制

蜜蜂个体在飞行过程中体温升高，即使处于低温环境中，快速飞行产生的热量也很高。研究表明在飞行过程中，飞行肌活动产生的热量可使蜜蜂体温达到 47℃ [66]。为了降低在飞行过程中产生的热负荷，蜜蜂通过加速血液循环和增加体表蒸发来达到降温的目的。显然，飞行过程中，蜜蜂不同部位的温度有差异，头部有时比胸部低 3℃。

在不同温度条件下，蜜蜂飞行时可以保持相当高的胸部温度，胸部温度越高，说明蜜蜂飞行能力越强。当蜜蜂单独处于低于 12℃的条件下时，其胸部无法升到飞行所需的最低温度（27℃）[70]，因此无法飞行。当空气和身体温度降低到 10℃以下时，蜜蜂将进入昏迷状态，不进行外部加温它们就不会苏醒。

二、蜜蜂群体生理学

一个典型的蜜蜂种群包括 2 万～ 8 万只蜜蜂，这样它们就可以实现包括食物采集、防御、亲属识别、代谢节律和温度调节等方面的集体反应。在群体水平上体现出的稳定性和控制性是没法由单个蜜蜂完成的，而且种群所有个体的行为总和也不等同于群体行为。

（一）群体行为

和蜜蜂个体不同，群体行为不受中枢神经控制，而是主要通过蜂王释放的挥发性化学信息素进行调节。信息素是分泌到体外并能引起种内其他个体的行为和生理响应的化学物质。目前，科学家已经鉴定了一些对蜜蜂的社会组织很重要的信息素成分，其中最主要的就是蜂王产生的几种化学物质，这些物质可以维持它在蜂群中的地位，帮助它控制群体，同时防止工蜂的卵巢发育。如果蜂王从群体中消失，整个群体很快就会发生骚动，工蜂也变得暴躁不安。研究最多也最清楚的蜂王物质是蜂王上颚腺中合成的信息素，它们是已知的控制蜂蜜群体的关键化学物质，大部分是一些长链脂肪酸（8– 羟基 – 辛烯酸、9– 氧代 –2– 癸烯酸、10– 羟基 – 癸烯酸、9– 羟基 –2– 癸烯酸和 10– 羟基 – 癸烯酸）的复合物。如果没有这些蜂王信息素，工蜂能够在大约 30 分钟后检测到蜂王的消失，所以这些信息素成分必须是高度挥发性的。另外，工蜂可以通过舔舐或者触角等感受器获得蜂王信息素中的低挥发性成分。总的来说，蜂王信息素可以刺激工蜂哺育幼虫、建造蜂巢、采集和囤积食物。工蜂也会产生重要的信息素，其中那氏腺信息素、报警信息素、工蜂体表信息素等在种群维护、寻找蜜源、蜜源标记等方面有重要作用。当出现危险时，工蜂释放另一种不同的化学物质（乙酸异戊酯，IPA），它将产生报警行为（这在后面将会详细讲述）。

个体工蜂往往会表现行为多态性，也就是说它们通常根据发育年龄执行不同的任务。在劳动分工中，低日龄的工蜂最接近巢的中心且最活跃，随着它们年龄的增加，它们的劳动地点从蜂巢中心向外移动。这被认为是一种适应性进化，提高了工蜂和群体生存的可能性，构成了蜜蜂在世界范围内成功扩散的原因。

群体内信息交流产生的最有趣的生理现象之一是对群体中雄蜂密度的控制，它能根据季节变化改变蜂群中雄蜂密度。也就是说，在冬天几乎没有雄蜂,随着夏季的到来,雄蜂数量将会越来越多。当群体中有大量雄蜂时，蜂王被禁止产雄蜂(未受精)卵,如果雄蜂数量下降,蜂王会增加产雄蜂卵,从而使雄蜂的数量保持在适当的水平。研究表明，蜂群可以接受其他蜂巢的雄蜂，这有助于提高种群中雄蜂数量，从而抑制蜂王产雄蜂卵。

（二）蜂群食物采集

蜜蜂采集食物也是一种有趣的群体行为。行为研究发现，工蜂不是根据自己的需要采集食物，而是响应群体的需要，而且科学家已经阐明了蜜蜂群体对食物和水分采集的控制机制[71]。通常是群体中有经验的蜜蜂负责寻找食物和水分，它们熟悉巢区附近的环境，可以快速找到品质良好的蜜源和安全的水源。收集花蜜后，采集蜂带着花蜜回巢并把食物递给低日龄的蜜蜂，一般传递需要 2 ～ 3 分钟或更长时间，这个过程中低日龄的蜜蜂可以“告诉”采集蜂蜂巢中的食物需求。换句话说，如果“交货”时间较长，采集蜂对这种食物的收集程度就会减少；如果它们迅速把花蜜传递给哺育蜂，就会刺激它们采集更多的同类食物，甚至招募更多的采集蜂到达蜜源地。举个例子，当蜂巢内温度过高而导致花蜜浓度高、蜂巢水分少时，高浓度花蜜的递送时间将增加，低浓度的花蜜和水的递送时间将减少，这将促使采集蜂积极采集低浓度花蜜和水分。对于整个蜂群，它们就是通过许多个体的活动和沟通达到了群体层面的共识。

（三）昼夜节律

生物体的各种生理机能都是适应外界环境的昼夜变化而建立起来的规律周期。昼夜节律又称生物钟，是生物在以 24 小时为周期内，生命活动在生理、生化和行为过程中自发形成的变动（不受环境影响）。蜜蜂活动很有规律，它们是昼行昆虫，白天觅食花蜜和花粉，晚上几乎所有的觅食者都回到群体，活动大大减少[72]。通过监测氧气消耗和二氧化碳释放的速率可以反映蜂群中蜜蜂节律的变化，在 10 ～ 20℃温度下，蜜蜂最低代谢率出现在凌晨 4 点，最高速率发生在下午 3 点。在实验室条件下保持温度恒定时，蜜蜂群体代谢的关键因素是光周期。昼夜的代谢差异很大，最高时可以达到 8 倍。即使在恒定的低光或暗条件下，节律性代谢仍然存在，表明蜜蜂已经形成了内源性的社会时钟。蜜蜂昼夜节律代谢在个体和种群中差异很大，个体生物钟是通过群体形成的，这个过程需要蜜蜂之间进行信息交流，但具体形成机制目前仍然是一个谜。

（四）群体呼吸

蜜蜂群体的呼吸代谢速率很快，这就需要群体和环境之间充分进行气体交换。蜜蜂扇风行为是保持蜂巢中气体循环的主要方式，以确保内部空气的流出和新鲜空气的流入。在炎热的夏天，可以在天然蜂巢或人工蜂巢的入口处观察到蜜蜂扇动翅膀。对蜂巢研究发现，巢房的内部设计和巢门构造都有助于气体的流通交换，而且研究人员已经在实验室中模拟测出了气体交换的频率。蜜蜂群体呼吸调控具有昼夜节律，即使在恒定的黑暗条件下，蜂群呼吸也具有周期性变化。和哺乳动物或鸟类利用肌肉胸腔压力改变气流的形式不同，蜂巢群体通过调节入口扇动翅膀的方向改变气流的方向。

（五）报警反应

群体防御是蜜蜂作为社会性昆虫的另一种重要行为，这对于保护整个蜂群具有重要作用。当守卫蜂发现有天敌入侵或盗蜂现象时，它们会释放一些化学物质招募蜂群中的工蜂出房战斗，蜜蜂会在空中飞舞或用螯针战斗保护蜂群。引起蜜蜂这种行为反应的物质被称为报警信息素，其中最主要的成分是 IPA，而且工蜂螯人后还会利用 IPA 作为标记物，吸引更多蜜蜂攻击标记对象。科学家已经通过实验量化了报警信息素引诱能力，结果显示只有一只或几只蜜蜂释放报警信息素，蜂群不会做出反应[73]。随着释放报警信息素个体数量的增加蜂群产生更强的群体反应，这说明防御行为高度依赖于群体中蜜蜂的数量，只有少量蜜蜂存在时是不会主动发起攻击的。最明显的现象就是当一个人在田野里遇到蜜蜂个体时，蜜蜂很少有任何防卫行为。蜜蜂防御行为的强度也和外部环境因素密切相关[74]。对报警信息素的研究发现，随着温度升高、太阳辐射增强和气压升高而增强，随着风力增强而减弱。不同花期对蜜蜂蜇人没有明显关系，也就是食物不会影响蜜蜂蜇人的概率。但是由于统计方法的局限性，实验中有些蜜蜂的攻击情况没法统计，比如守卫蜂围着目标乱撞但不蜇人，这可能对实验结果有一定的影响。

日本蜜蜂防御大黄蜂入侵的方法比较独特，它们会围绕入侵者形成一个球形进而杀死它们[75]。当有大黄蜂靠近时，很多工蜂围绕入侵者聚集形成一个球形团体，然后它们通过颤抖产生大量的热，使球内温度快速升高。等到温度超过 43℃时，球内蜜蜂能存活，但黄蜂被热死（图 3–4）。

图 3–4　蜜蜂防御大黄蜂入侵蜂群（左图为大黄蜂抓蜜蜂，右图为工蜂保卫大黄蜂）

（六）巢伴识别

作为一种社会性昆虫，蜜蜂识别巢伴的本能对于种群管理十分重要，它们甚至能从亲缘关系很近的蜂群中认出和自己同巢的个体。前面所说的守卫蜂的识别能力就很强，它们可以识别本巢个体让其进入蜂巢，攻击并赶走非本巢蜜蜂或入侵者。蜜蜂巢伴识别的能力是通过化学物质实现的，成年蜜蜂会产生一种气味混合物，所有年幼都能快速识别和接受这种气味物质。这些信号混合物分布于工蜂体表，主要成分是各种碳水化合物，小部分是脂肪酸和酯类，也包含蜂蜡和蜂王粪便中发现的一些物质，而且这些物质起重要作用。基因组分析发现，蜜蜂识别巢伴的能力是由基因型决定。关于蜜蜂巢伴识别的能力将在蜜蜂外激素部分详细论述。工蜂招引同伴回巢如图 3–5。

图 3–5　工蜂在巢门口高举腹部散发外激素招引同伴（李建科　摄）

（七）群体温度调控

蜜蜂群体生物学，最有趣和最值得研究的蜜蜂群体行为是它们对温度的调节控制。对蜂巢内温度测定显示，最高温度在蜂群的中心，此处温度恒定，向外延伸时温度会逐渐降低，而且形成同心等温线[76]。通过社会稳态调节，蜂群在各种环境条件下维持相对恒定的核心温度（特别是如果有幼虫存在的情况下）[77]。实验表明，在气温高达 70℃的区域中放置的蜂箱仍能保持 35℃的巢内温度。即使气温低达 –80℃，蜜蜂巢内温度也能保持在 35℃[78]。这种巨大的蜂巢内外温差是整个群体利用蜜蜂特有的温度控制机制来实现的。

当天气炎热时，蜂巢中蜜蜂个体之间的间距增加，同时通过扇风加快水分蒸发来降低温度，这是蜂巢维持 35℃恒温的主要机制。蒸发降温（每克水蒸发时大约消耗 2 428 焦的热量）的效率直接取决于蜂巢温度和露点（Dew point，气象学名词，是指在固定气压下空气中所含的气态水达到饱和而凝结成液态水时的温度）之间的差异。蜂群在这方面具有巨大的优势，因为它几乎总是保持蜂房温度（35℃）远远高于露点。因此，蜂巢中的实际水蒸气压力总是低于饱和蒸汽压力，从而导致大量的水饱和逆差。另一方面，蜜蜂可以借助口器将水分置于蜂巢内部表面，然后通过扇风行为引起空气流动。因此，即使蜜蜂群落在非常热的环境中（例如沙漠），只要有足够的水供应，蒸发降温就没有问题。还有一点就是花蜜失水，花蜜中水分蒸发也会降低蜂巢温度，最终生成含水量低的蜂蜜（花蜜含水量约为 60%，而蜂蜜仅为 20%）。即使在春秋阴凉多雨的天气条件下，因为蜂巢内部维持高温，饱和赤字仍然保持，水的蒸发一直进行。

随着天气变冷，发生热交换区域的蜜蜂数量减少，扇风行为相应减少。当温度进一步下降时，蜜蜂则会相互靠近、聚集成簇，形成一个更紧密的球体来保存热量。环境温度低于 15℃时，蜜蜂就是通过这种扩大或减小聚集群来调节温度。具体说就是蜜蜂头部朝内腹部朝外形成一个紧密的球形实体，向内指向的头部对它们精确控制温度具有重要作用，因为已被证明在某些情况下蜜蜂个体能控制头部温度[66]。胸部发达体毛相互交错，使空气无法流通，为群体创造了有效的“绝缘外套”，毛发的保温为蜜蜂节省了大量的代谢能量[62]。由此可见，这种保温机制仅靠单个蜜蜂是无法实现的。蜂群另一种保存热量的方法在于巢脾隔热，巢内蜜蜂聚集在一起时，蜂群表面约有 2/3 的表面积与巢脾接触，可以起到热量绝缘的效果，这可以帮助蜜蜂进一步节省热量[79]。如果采取上述这些措施后，温度还是继续下降，蜜蜂只能通过燃烧体内储存的能量物质产生更多的热，这种代谢热随着空气温度的降低而增加。胸部中飞行肌肉颤抖是蜜蜂产热的主要部位，主要利用碳水化合物作为燃料。胸肌是已知的最具代谢活性的组织之一，但由于振幅太小，肉眼无法看到，科学家通过测量肌电位变化，结果显示胸部飞行肌快速低幅度收缩。

不同大小的蜜蜂群体对低温显示出不同的响应能力。总体来说，种群越大对群体越有利。因为蜜蜂数量越多，每只蜜蜂在冬季低温时维持蜂群温度的耗能就越低，而且较高的蜂巢温度可能会提高蜜蜂对一些疾病的抗性。

精确的热量控制，特别是低温环境时，对蜜蜂来说是特别重要的，这需要群体成员之间的相互合作。观察发现，有些种族的蜜蜂不能很好地适应北方长时间的严冬条件。正因为如此，气候因素和生理因素导致了蜜蜂群体之间的地理隔离，最终形成不同的类群。蜜蜂调节巢温方式如图 3–6。

A　　B

图 3-6　蜜蜂调节巢温方式（李建科　摄）

A. 工蜂在朝门口结团调节高温　B. 工蜂结团调节低温

（八）劳动分工

蜜蜂群体中不同日龄的工蜂执行不同的任务，这种现象可以被认为是行为多态性，也就是人们常说的劳动分工。随着蜜蜂这种行为多态性的变化，其内分泌、基因表达和生理代谢也会发生变化，这些变化可能是通过先天遗传和社会环境因素的相互作用共同控制的。

1. 劳动分工的种群抑制理论

从 20 世纪 20 年代以来，研究者就发现，在一个群体结构单一的蜂群中（基本都是同日龄的蜜蜂），部分蜜蜂在没有达到采集蜂日龄时就开始采集食物；而在一个完全由采集蜂构成的蜂群中，一部分蜜蜂会放弃采集行为，回到巢房担当哺育蜂角色。但直到现在学术界也没有研究清楚它们相互转变的机制。保幼激素是调节工蜂发育的一种物质，但是对于整个蜂群而言，保幼激素又是如何行使功能的呢？ 1991 年前后，约利诺大学的 Gene Robinson 实验室受探索频道节目邀请拍摄一部关于蜜蜂的电影时，他们把蜂箱搬移到其他位置，导致许多准备归巢的采集蜂被迫进入蜂群结构单一的观察箱，该箱中的原蜂群本应有 5%～ 10%的蜜蜂发育成早熟的采集蜂，但采集蜂的引入导致最终没有观察到这种现象。以上结果表明，采集蜂携带的某种信息被年轻蜜蜂感知到，从而抑制了工蜂早熟。如果是一个缺少采集蜂的新出房蜂群，7 日龄的工蜂在行为和生理上就已经和采集蜂类似。这些调节机制都需要进一步研究。

基于上述现象，科学家提出了种群抑制理论[80]。其内容是：①工蜂具有增加其保幼激素水平的遗传倾向，且高的保幼激素会促进采集行为的产生。②抑制剂存在于蜜蜂食物中，通过食物传递到群体中的每个个体，这会抑制保幼激素的增加进而抑制蜜蜂采集行为的产生。这个简单的反馈抑制模型可以解释多种形式的行为产生。对于一个结构单一的种群，整个蜂群中没有采集蜂，所以不存在抑制剂，工蜂就会出现早熟的采集行为。一旦有采集蜂出现，它们会产生抑制剂作用于同日龄的其他蜜蜂，防止蜜蜂早熟。如果群体中采集蜂过多而没有哺育蜂，采集蜂之间会相互作用，其中一些接受更多抑制剂而发生逆转，再次变成哺育蜂。在正常群体中，抑制源时刻存在但会缓慢减弱，因为每天约有 10%的采集蜂由于各种原因死亡，这使得合适日龄的哺育蜂得以发育成采集蜂来补充数量。通过这种死亡和增加，采集蜂数量得以保持稳定。

如果这个理论成立，那么人为地移除觅食者应该使群落中的幼蜂发育更快，因为抑制剂解除，哺育蜂发育更快；相反，蜂群中采集蜂数量多（例如，由于下雨的时间长，采集蜂减少出巢），采集蜂长时间和哺育蜂接触，会延迟蜜蜂发育。研究者确实观察到这种现象发生[81]。但是，如果通过人工降水破坏蜂群结构后并不会延迟哺育蜂发育成采集蜂，可能因为人工降水导致采集蜂突然大量减少，蜂巢内没有采集蜂而抑制解除，需要哺育蜂发育成采集蜂来补充蜂群中的蜂蜜和花粉。该理论还认为，驱使采集蜂回巢护理的动力或信号应该是抑制剂本身，而不是蜂巢。事实上，科学家在一些研究中发现，在没有幼虫的单蜂王群体中，不仅保幼激素浓度下降，而且大多数蜜蜂重新激活咽下腺功能。

该理论最重要的一方面是抑制剂效应，在接下来的12年里，美国、加拿大和法国的科学家通过不懈努力共同确定了抑制剂的成分是油酸乙酯。油酸乙酯是抑制剂最重要的一点是它在采集蜂中的含量比在哺育蜂中高。而且，人工给蜜蜂喂食油酸乙酯可以延迟采集行为（大概3天）。最近的研究表明，油酸乙酯合成的主要部位是食管，由油酸与乙醇通过酯化反应生成。通过食管渗透到外骨骼，从那里它对幼蜂产生效应。表皮上油酸乙酯的含量是最丰富的，由触角上的嗅觉受体感知，信息在触角叶的肾小球中加工，最终在大脑的嗅觉中心处理。这些结果表明油酸乙酯通过引发途径发挥作用，并且在一定范围内通过嗅觉在蜂群中传播和感知。

2. 劳动分工的其他理论

（1）双阻遏理论 Amadm和Omholt[82]开发了双重阻遏物理论，阐述卵黄原蛋白和保幼激素相互抑制。也就是说，哺育蜂时蜜蜂的卵黄原蛋白含量高，保幼激素浓度低；而采集蜂中卵黄原蛋白减少，保幼激素增加。通过卵黄发生蛋白原基因沉默研究证实，卵黄原蛋白抑制保幼激素增加和早期觅食行为的出现。而且科学家已经证实了卵黄原蛋白和保幼激素基因调控的反馈通路，表明卵黄原蛋白是这个调节过程中的主要因子，它甚至可以抑制蜜蜂脑中的保幼激素的产生。

（2）**生殖状态差异理论**　上文已经提到，采集蜂可以专门收集不同的资源：花粉、花蜜、水或蜂胶。在个体昆虫中，摄食行为取决于生殖状态。例如，当蚊子处于繁殖阶段时，它会吸食血液；在产卵后，它只吸食花蜜。花粉可能与蜜蜂繁殖更相关，花蜜与能量需求更相关[83]。通过人工选择的方式获得花粉采集量大和小的种群，发现采集花粉量大的种群卵巢更发达。之后，又在野生型蜜蜂中发现卵巢发达的蜜蜂在生命早期觅食时更喜欢收集花粉。基于这些证据，Amdam 等人[83]提出，工蜂的卵巢对不同性状蜜蜂的基因调控起关键作用，数量性状分析发现卵巢与花粉囤积、糖代谢、觅食偏差都有关系，这表明卵巢是多种性状调控的重要因素。最近，科学家通过人工移植卵巢实验证明了卵巢对蜜蜂劳动分工具有重要作用[84]。

3. 影响劳动分工的其他因素

（1）**蜂王信息素**　在蜂群内，蜂王通过分泌信息物质管理蜂群和工蜂行为，同时还能调节工蜂的发育、繁殖力，抑制蜂群培育新蜂王等，这种信息物质叫作蜂王外激素，也叫蜂王信息素。研究表明，工蜂劳动分工的调节因素很多，最重要的一个就是蜂王信号物质。蜂王信息素是多种化学物质组成的混合物，由上颚腺、背板腺和杜氏腺等腺体共同分泌，蜂王头部上颚腺产生的上颚腺信息素是目前研究最多的一种信号物质。蜂王上颚腺信息素不断激活大脑中与哺育蜂行为相关基因的表达，抑制与采集蜂行为相关基因的表达[85]。这表明蜂王上颚腺信息素可能通过调节大脑中的基因表达影响工蜂行为。例如，在正常的群体中，蜜蜂脑中的章鱼胺表达水平在哺育蜂中含量低，在采集蜂中含量高，但如果把哺育蜂在实验室条件下单独培养，其章鱼胺含量显著升高，这就是因为蜂王上颚腺信息素抑制章鱼胺表达水平[86]。

（2）幼虫信息素 在蜂巢中影响工蜂劳动分工的另一个信号来自幼虫。蜂群中幼虫比例相当高，但它们没有独自生存的能力（不能觅食），需要成年蜜蜂（哺育蜂）的哺育，这就需要它们通过信息素调节工蜂行为。幼虫信息素主要是10种酯类物质，也包含一些挥发性成分[87]。幼虫信息素可以通过释放和引发两条途径发挥作用，调节成年蜜蜂的行为和生理变化，其中主要影响哺育蜂和采集蜂，而且是通过不同的神经通路发挥作用。例如，它能调节工蜂的花粉采集行为[88]，抑制工蜂卵巢发育[89]，诱导工蜂封盖[87]，刺激咽下腺蛋白的合成[90]。最近，研究者从信息素中鉴定了一种新物质——E-β-罗勒烯[91]。这种信息素具有高度挥发性，在抑制工蜂卵巢发育发面作用明显，在小群体中施以高剂量的E-β-罗勒烯能延迟工蜂采集时间8天左右[92]。

知识链接

劳动分工的分子机制研究

从2000年起，就有科学家开始研究基因表达变化与日龄相关行为多态性的关系，主要是研究工蜂脑中基因表达变化[93]。最终发现，有些基因在细胞水平中的表达量会随着时间24小时周期性发生变化，这类基因被称为周期基因。该基因高表达可以促进蜜蜂的早熟，因为在哺育蜂中周期基因表达量很低[93]。基于DNA微阵列的研究表明，哺育蜂和采集蜂具有不同的基因表达谱[94]。

采集蜂也分为两种：自己出去寻找新蜜源的（侦察蜂）和追随侦

察蜂到达蜜源地的（刚发育的采集蜂）。最近，新蜜源探测和蜂房选址成了蜜蜂研究的一个热点方向。研究表明，与没有侦察能力的蜜蜂相比，侦察蜂脑中与儿茶酚胺、谷氨酸和 g- 氨基丁酸信号相关的基因高表达，而且用章鱼胺和葡萄糖处理蜜蜂可以增加它们的侦查能力，用多巴胺拮抗剂则会降低侦查能力。不同动物实验表明，这些化学物质作用结果相同，说明调节蜜蜂寻找蜜源功能的分子机制和其他哺乳动物类似[95]。

MicroRNA（miRNA）是一类内生的、长度为 20 ～ 24 个核苷酸的小 RNA，其在细胞内具有多种重要的基因表达调节作用。科学家利用第二代高通量测序技术分析采集蜂和哺育蜂小 RNA 发现，有 9 个已知的小 RNA 有明显差异，这些小 RNA 调节的一些靶基因参与蜜蜂重要的生理作用，如神经通路、蜜蜂摆舞和能量代谢等[96]。

这些年对蜜蜂行为多态性的研究很多，科学家在不同水平利用不同技术探究蜜蜂发育差异，包括生理学、解剖学、基因表达、蛋白组学等。而蜜蜂发育的调控机制以及日龄和蜜蜂行为多态性的关系还需要更深入的研究。

（九）蜂王和工蜂分化

蜂王与工蜂都是雌性蜜蜂，且拥有完全相同的基因组，但它们在形态学、生理学和行为等方面显著不同，蜂王具有更长的腹部和更多的卵巢管[97]，寿命长（平均 2 年），且在巢内专职负责产卵，而工蜂体型更小，仅有很少的卵巢管（5 ～ 20 根），寿命较短（夏天存活 30 ～ 40 天，冬天存活 3 ～ 5

个月），并且工蜂表现出与年龄相关的劳动分工行为。蜂王和工蜂分化的影响因素和分子机制如下：

1. 营养效应

由蜂王产出的二倍体卵在哺育蜂不同的饲喂方式下，可以发育为蜂王或者工蜂。在卵期最初的 3 天里，哺育蜂饲喂准备发育为蜂王幼虫和工蜂幼虫的卵的食物是相同的，都是蜂王浆，此时的二倍体幼虫具备全能性，即具备可以发育为蜂王或者工蜂的能力。在 3 日龄之后，蜂王幼虫继续食用蜂王浆，工蜂食用普通蜂蜜和花粉，而且蜂王幼虫相较于工蜂幼虫会有更充足的食物。对食物分析发现，蜂王和工蜂幼虫的食物也不完全相同。蜂王浆或者工蜂浆是一种由咽下腺和上颚腺共同分泌的富含糖类、氨基酸、蛋白质、脂肪酸和矿物质的复合蛋白质。先前的研究已表明这两种浆在糖类组成、水分、蛋白质成分、脂类和维生素 B 复合物上具有显著差异[98]。人工饲喂幼虫实验表明，除了糖类外，这些复合物对蜂王生产并不具有显著的影响作用[99]。

2. 糖类和激素

为了探究糖类物质的作用，研究者开展了一系列有关幼虫食物中糖含量是否影响蜜蜂级型分化和发育的研究[100, 101]。研究发现，工蜂浆中添加葡萄糖和果糖会诱导蜂王表型的形成。除此之外，在工蜂浆中增加保幼激素到糖中，同样也会增加形成蜂王的概率。例如，工蜂浆中加入 40 毫克果糖和 40 毫克葡萄糖形成蜂王的概率为 0，而在此基础上再加入 10 微克的保幼激素产生蜂王的概率则为 100%[101]。据此推断，额外的糖对幼虫具有诱食的作用，它可以引起幼虫取食更多的食物，进而通过与中肠相关的感受器促进内分泌腺体咽侧体的保幼激素的合成[100, 101]。糖浓度的重要性在近期的研究中进一步被证实，研究发现在商品化的蜂王浆中添加 4% 的葡萄糖和 8% 的果糖饲喂幼虫个体后 100% 形成工蜂，而在商品化的蜂王浆中将两种糖的浓度均提升至 12% 饲喂幼虫后，71% 形成工蜂，10. 5% 形成蜂王，18. 5% 形成中间型[102]。

未知的“蜂王决定因子”

1960 ~ 1980 年，研究者通过大量研究找到可能与诱导蜂王发育相关的“神奇物质”，用不同的蜂王浆分离物培养蜜蜂的体外实验也表明确实存在蜂王发育的决定因子，但是该化学成分一直未鉴定出来。在工蜂浆中加入糖或者保幼激素可以诱导工蜂幼虫形成蜂王这一现象似乎又表明蜂王决定因子并不是十分重要。2011 年，体外培养实验表明，一种叫作王浆肌动蛋白的蛋白质可以决定蜂王的表型[20]。王浆肌动蛋白是最早被鉴定出的 9 种王浆主蛋白之一，当时被称为王浆蛋白 1。该研究还发现王浆肌动蛋白的降解或者王浆肌动蛋白基因的敲减均会导致工蜂表型的产生。王浆肌动蛋白在常温时很不稳定，但在 -40℃非常稳定，需要 30 天左右才会发生降解。更为重要的是，工蜂浆中含有 35% 的肌动蛋白，较蜂王浆中（31%）稍多一些[103]，这一结果表明王浆肌动蛋白对于蜂王—工蜂的级型分化是必需的，但在自然饲喂状态下并没有发现王浆肌动蛋白是决定因子。截至目前，仅有不同的糖浓度已被证实会导致蜂王—工蜂的级型分化差异。

3. 蜂王—工蜂级型分化的分子机制

前面已经提到，蜂王幼虫和工蜂幼虫食物的数量和质量都是有差异的。近些年，研究者进行了大量实验，希望找出不同的营养成分是如何转化为内分泌信号来决定蜂王和工蜂的表型的。雷帕霉素（RAPA）靶蛋白信号通路是第一个被研究发现与蜂王—工蜂级型分化有关的信号通路，它是一种新型大环内酯类免疫抑制剂，通过不同的细胞因子受体阻断信号传导，阻断T淋巴细胞及其他细胞由 G_{11} 期至S期的进程，从而发挥免疫抑制效应。该通路在脊椎动物和无脊椎动物包括酵母和果蝇中都已经证明是发育过程中重要的营养调控信号通路。在蜜蜂个体中，也有多项实验表明雷帕霉素靶蛋白信号通路与级型分化有关。首先，相比工蜂幼虫，蜂王幼虫中高表达雷帕霉素靶蛋白基因。其次，加入雷帕霉素（它是雷帕霉素靶蛋白的抑制剂），可以导致潜在发育成蜂王的幼虫发育为工蜂。最后，人工敲减雷帕霉素靶蛋白基因，即使再对蜂王幼虫饲喂蜂王浆，它也只能发育成工蜂[104]。

第二个基于营养生长调节的信号通路是胰岛素/胰岛素类似生长因子1信号通路（后来简称为胰岛素通路）。虽然该信号通路在大多数其他物种的生长发育过程中具有关键作用，但该通路在蜜蜂生长发育中的作用仍然存在争议。通过RNA干涉抑制胰岛素受体底物基因的表达，即使对蜂王幼虫进行蜂王浆饲喂，它仍发育成工蜂[105]。相较于发育成工蜂的幼虫，与胰岛素类似的两个多肽（Am1LP1和Am1LP2）在蜂王幼虫中表达的更多[19]。但也有研究发现Am1LP1、Am1LP2和它们的受体（InR1和InR2）在幼虫阶段表达水平均很低[106]，敲减其中的一个受体并不会影响蜂王—工蜂的级型分化[20]，这表明胰岛素信号通路对蜜蜂级型分化并不十分重要。

第三个与级型分化有关的因子是表皮生长因子。表皮生长因子是脊椎动物和无脊椎动物的细胞存活、生长和分化调节的主要信号通路。研究发现，沉默表皮生长因子受体基因可以导致蜂王幼虫发育为工蜂[20]。敲减雷帕霉素靶蛋白[104]、胰岛素受体[105]和表皮生长因子受体[20]基因中的一个或多个，都抑制保幼激素达到峰值，表明保幼激素位于这些营养传递通路的下游。如果敲减上述基因后在食物中增加保幼激素，这些蜂王幼虫仍然可以发育成为蜂王[104、105]，进一步证实保幼激素是决定蜂王表型的关键调控因子。

4. DNA 甲基化和蜂王—工蜂分化

表观遗传的现象很多，已知的有 DNA 甲基化、基因组印记、母体效应、基因沉默、核仁显性、休眠转座子激活和 RNA 编辑等。因为蜂王和工蜂具有相同的基因组，并未显示显著的差异，所以人们自然会猜测表观遗传机制可能与其级型分化有关。最常见的表观遗传机制是 DNA 甲基化，通过将一个甲基添加到胞嘧啶或者鸟嘌呤上而导致基因不能表达。大多数的 DNA 甲基化发生在胞嘧啶核苷酸上，当它与鸟嘌呤相邻时称为 CpG 甲基化。蜜蜂 CpG 甲基化过程涉及 3 种甲基转移酶（DNMT1、2 和 3）[107]，蜂王和工蜂大脑中基因甲基化模式是不同的[108]。Kucharski 等人[109]通过 RNA 干涉沉默蜂王幼虫 DNA 甲基转移酶 3（DNMT3）导致其发育成工蜂，该结果表明 DNA 甲基化在蜜蜂的级型分化上起重要的作用。除食物差异可以影响甲基化水平外，巢房大小也会影响蜂王幼虫甲基化水平，大的巢房可以减少甲基化水平进而有利于蜂王的发育[110]。

最新研究表明，蜜蜂基因组外显子区域的甲基化位点与基因可变剪切有关[108]。与表观遗传机制影响下的蜜蜂级型发育一致，近期研究发现蜂王浆中的一种脂肪酸具有组蛋白脱乙酰酶抑制剂的活性，同时还发现蜂王浆中的 10–HDA 可以激活哺乳动物细胞中未发生 DNA 甲基化沉默基因的表达[111]，说明 10–HDA 在蜜蜂级型分化中可能具有一定作用。事实上，10–HDA 的结构与组蛋白脱乙酰酶抑制剂结构相似，可能会通过阻碍或促进组蛋白脱乙酰酶抑制剂的活性发挥功能。

（十）夏冬季节工蜂差异和蜜蜂衰老

1. 差异描述

工蜂的寿命很短，一年可以产生多代，所以不同代数的工蜂可能生活在不同的季节中。那么，季节变化（夏季和冬季）会不会影响工蜂的生理和行为呢？观察发现，夏季工蜂和冬季工蜂主要有三点不同：第一，夏季的工蜂只存活 30 ～ 40 天，冬季的工蜂则可以存活 3 ～ 5 个月；第二，冬季的哺育蜂具有保幼激素浓度低、咽下腺发达、血淋巴和脂肪体中脂质和蛋白质含量高等特点，所以它们被称为“超级哺育蜂”[112]；第三，冬季采集蜂具有更高比例的浓缩血细胞[113]，但推测该血细胞并不参与免疫防御（表 3–1），而且冬季哺育蜂和采集蜂在必要的时候可以快速相互转变。这些问题也是科学家和养蜂者研究和关注的焦点。

表 3–1　哺育蜂、长期哺育蜂和采集蜂三者的生理学差异

参数	哺育蜂	长期哺育蜂	采集蜂
保幼激素	低	低	高

续表

参数	哺育蜂	长期哺育蜂	采集蜂
卵黄原蛋白质	高	高	低
腹部脂肪	高	高	低
咽下腺腺泡大小	大	大	小
血液中蛋白质 / 脂肪比	高	高	低
血细胞	高	高	低
固缩血细胞比例	低	低	高

2. 工蜂长寿研究

20 世纪，有很多科学家对蜜蜂长寿进行了研究，形成了两种完全相反的观点。Milojevic[114] 通过持续移入刚孵出的幼虫，强制 800 只 2 ～ 5 日龄的夏季工蜂持续哺育，结果表明，这些强制哺育的工蜂可以存活更长时间，70 天后，发现仍然有 177 只工蜂存活，其中 89% 的咽下腺仍具有分泌王浆的功能，它们的哺育期已经超过了正常哺育日龄（5 ～ 16 日龄），寿命也比夏季蜂更长。Haydak[115] 研究也发现，通过强制哺育幼虫饲养可以让工蜂存活更久（138 天），且该日龄下 90% 的蜜蜂仍然具有完好的咽下腺。但是也有研究表明幼虫缺乏时夏季蜜蜂存活得更久。Maurizio[116] 发现工蜂在 27 日龄时咽下腺和未发育的脂肪体已耗尽，到 38 天时基本完全死亡。反而如果没有幼虫需要哺育，工蜂在第 144 天仍然具有发育完全的咽下腺和脂肪体，其中一些甚至可以活到 166 天。所以他认为工蜂体内储存的脂类为冬季蜂延长寿命提供能量，如果持续哺育消耗能量反而不利于它们长寿。

有学者认为，高浓度的油酸乙酯可以抑制哺育蜂转变为采集蜂，使工蜂在哺育阶段停留更长时间，这是其寿命较长的原因之一。同样地，这从蜜蜂群体学上也可以得到解释：冬天哺育得少，采集得也就少，因此采集蜂在巢房内待的时间也更长，从而增加了蜂群中油酸乙酯的浓度，这就延迟哺育蜂发育为采集蜂日龄。目前，普通哺育蜂和“超级哺育蜂”的生理差异还有待进一步研究，所以还不能解释哺育期延长与工蜂长寿的关系。

3. 卵黄原蛋白在调节寿命方面的作用

在蜂群中，哺育蜂血淋巴中卵黄原蛋白浓度高、保幼激素浓度低，而采集蜂中卵黄原蛋白浓度低、保幼激素浓度高。敲减卵黄原蛋白基因会诱发保幼激素浓度的升高，工蜂会提前进入采集状态导致其寿命缩短，所以卵黄原蛋白在调节工蜂寿命方面也有一定作用[117]。在果蝇中，保幼激素的浓度与老化过程呈正相关，与抗逆性呈负相关[118]。在蜜蜂中，保幼激素的水平与压力呈正相关，卵黄原蛋白使蜜蜂细胞免受抗氧化的损伤，并且能够保护免疫细胞。研究发现，相较于哺育蜂和延长哺育状态的哺育蜂，采集蜂大脑中由氧化羰基化造成的细胞的破坏程度更高[119]。敲减卵黄原蛋白基因的蜜蜂更容易受氧化压力的影响，这就说明卵黄原蛋白是蜜蜂体内的一种抗氧化剂，它对抵抗氧化和延迟衰老具有重要作用[120]。除此之外，近期研究发现，血淋巴中锌浓度和卵黄原蛋白浓度及正常的血细胞比例呈正相关[120]。卵黄原蛋白是一种锌结合蛋白，而且锌依赖的酶大多参与免疫应答和血细胞功能[121]。研究表明，采集蜂的卵黄原蛋白浓度的降低会引起锌浓度的降低，进而降低了采集蜂的血细胞功能[113]。

4. 子脾和幼虫信息素在影响寿命方面的作用

蜂群中存在幼虫或者幼虫信息素时会影响蜜蜂的卵黄原蛋白的浓度和蜜蜂的寿命。Smedal 等人[122]发现，蜂群中没有幼虫和幼虫信息素的状态下，蜜蜂脂肪体中卵黄原蛋白浓度最高，而其他的组合（仅有幼虫信息素，或仅有幼虫信息素和幼虫，或仅有幼虫）均会导致脂肪体中较低的卵黄原蛋白浓度，这对工蜂寿命有很明显的影响。在没有幼虫和幼虫信息素的状态下，蜜蜂可以存活长达 200 多天，而有幼虫或幼虫信息素处理的处于中间状态，两者都存在的状态下蜜蜂存活时间最短。

5. 蜜蜂的衰老

（1）采集蜂衰老比哺育蜂快 蜂群中所有蜜蜂都要经历衰老过程。通过对特定日龄蜜蜂研究发现，它们对饥饿、热和氧化刺激的抵抗能力不同，即工蜂对这三种刺激的抵抗能力随着日龄的增加而减弱[123]。但是，随着日龄增加并不是所有的器官功能都下降，一些器官可能会表现出暂时性的功能增强。比如蜜蜂的飞行能力，哺育蜂飞行能力较弱，采集蜂随着日龄的增加而增强，且在采集蜂存活日龄的中间值时飞行能力最强，之后呈下降趋势[124]。

工蜂开始采集行为的日龄是决定工蜂寿命的决定性因素。蜜蜂采集得越早，衰老得越快，采集的时间也越短。Rueppell 等人[125]发现工蜂初次采集的日龄与其寿命呈正相关（较晚开始采集的工蜂寿命更长），但蜂箱不同高度（平地和空中）对比实验表明，初次采集的日龄与总的采集天数呈负相关，即采集日龄开始晚的蜜蜂尽管寿命长，但总的采集天数更少。

（2）细胞衰老及其机制 在分子水平上，研究者也发现采集蜂比哺育蜂衰老得快。蜜蜂从哺育蜂转换到采集蜂过程中，与 ATP 合成、糖酵解和自由基清除相关的多种蛋白合成都发生改变[126]。细胞代谢过程离不开氧的存在，生物氧化过程是细胞获得能量的过程，然而在这种生物氧化过程进行的同时，会产生一些高活性的化合物，它们是生物氧化过程的副产品。实验证明，此类副产品或中间产物与细胞衰老直接相关，它们导致细胞结构和功能的改变，这就是细胞衰老的自由基理论[127]。根据自由基理论，活性氧是通过损伤 DNA 和膜蛋白以干扰重要的信号级联反应和诱导细胞凋亡。高活性氧导致寿命缩短现象已经在秀丽线虫和果蝇中证实。对于采集蜂，它们飞行需要大量 ATP，加快了细胞呼吸和能量代谢，产生较多的自由基，这在分子水平上解释了采集蜂比哺育蜂衰老快的原因。

此外，衰老的同时也伴随着免疫功能的下降，这会增加群体生物内疾病传播速度和感染率。免疫系统功能下降和衰老之间的关系也已经在包括熊蜂和蜜蜂等的社会昆虫中发现[128]。对于蜜蜂，当工蜂从哺育蜂发育成采集蜂时，其血细胞疾病发生率增加，而且这种变化是可逆的[129]。

（3）胰岛素信号和雷帕霉素靶标蛋白在蜜蜂衰老中的作用 在线虫和果蝇研究中发现，胰岛素信号降低或雷帕霉素靶标蛋白减少都会延长个体的寿命[130，131]。在蜜蜂中，这两种途径通过影响保幼激素含量来影响工蜂的寿命。研究表明，花粉储藏性状基因座位置中包括一些胰岛素信号传导相关的基因[132]，高花粉需求也就要求蜜蜂较早开始觅食，这表明胰岛素信号通路与卵黄原蛋白 / 保幼激素有关。其次，两种途径都会影响蜂蜜中的第一次觅食的日龄[133]，而开始觅食行为的日龄会影响它们的寿命。最后，卵黄原蛋白和保幼激素双重干扰会诱导胰岛素样肽 1（AmILP1）的表达增加，进而减少蜜蜂饥饿的抵抗能力[134]，饥饿抵抗能力与寿命呈正相关。这些结果都表明这胰岛素信号和雷帕霉素靶标蛋白通过影响卵黄原蛋白和幼年激素含量来影响工蜂寿命。

（4）卵巢对工蜂寿命的影响　卵巢通常与繁殖能力有关，而繁殖能力又和寿命相关。在大多数昆虫中，繁殖能力和寿命是对立的，意味着繁殖能力低的昆虫寿命更长。在蜜蜂中却截然不同，负责繁殖的蜂王比工蜂更长寿。在工蜂中，卵巢和寿命的关系与其他昆虫相似，即卵巢发达的工蜂个体寿命更短。前文提到，在偏好花粉采集和储藏的蜜蜂品系中，工蜂采集花粉多，而且对蜜源地灵敏性高。同时，它们的卵巢更发达，开始采集花粉的日龄也更早。通过移植卵巢来人工增加野生型工蜂的卵巢数量，使蜜蜂觅食时间提早[84]，这表明卵巢可以加速蜜蜂衰老。科学家在分子水平上也研究了蜂卵巢管数目和寿命的关系，发现更发达的卵巢意味着拥有更多的卵巢管，血淋巴中就会有更高浓度的卵黄原蛋白，这就会提前蜜蜂的采集行为。因此，卵巢也可以通过卵黄原蛋白/保幼激素来调控工蜂寿命。然而，关于卵巢移植后对卵黄原蛋白的表达减少现象说明工蜂卵巢也可以独立于卵黄原蛋白发挥作用。

蜕皮激素是卵巢分泌的另外一种物质，它在独居昆虫的繁殖过程中具有重要作用。由于蜕皮激素在成年工蜂体内的水平很低，因此很难去发现它的作用。但仍然有研究表明，蜕皮激素影响多种信号通路[135]。

（5）蜜蜂衰老过程中的表观遗传调控　在酵母、蠕虫、蝇类、鱼和哺乳动物中研究表明，表观遗传对机体衰老和寿命都有影响，主要通过DNA 甲基化和组蛋白修饰调节寿命长短[136]。对工蜂幼虫进行短暂的营养控制可以增加它们成虫对饥饿的抵抗力[137]，该研究也在脊椎动物和无脊椎动物得到验证。因为对饥饿的抵抗力与寿命呈正相关，这表明表观遗传学可以通过营养代谢机制影响蜜蜂寿命。另一个研究发现，当工蜂从哺育蜂转变为采集蜂时，DNA 甲基化会发生改变，而当采集蜂回到哺育蜂状态时 DNA 甲基化模式可以被恢复[138]，进一步支持了表观遗传学对寿命调控的作用。

现阶段，仍然有许多有关表观遗传学如何影响蜜蜂的衰老的问题。比如，DNA 甲基化和组蛋白修饰是否在蜜蜂的营养相关的衰老过程中具有作用？哺育蜂和采集蜂在它们的表观基因组上是否存在不同？表观遗传调控机制是否涉及越冬蜂的寿命？另一方面，相比夏季蜂，越冬蜂拥有丰富的脂肪和蛋白储存，且具有更高的卵黄原蛋白浓度。那么，卵黄原蛋白和保幼激素是否与成年工蜂的表观遗传调节有关？所有这些问题都需要深入研究。

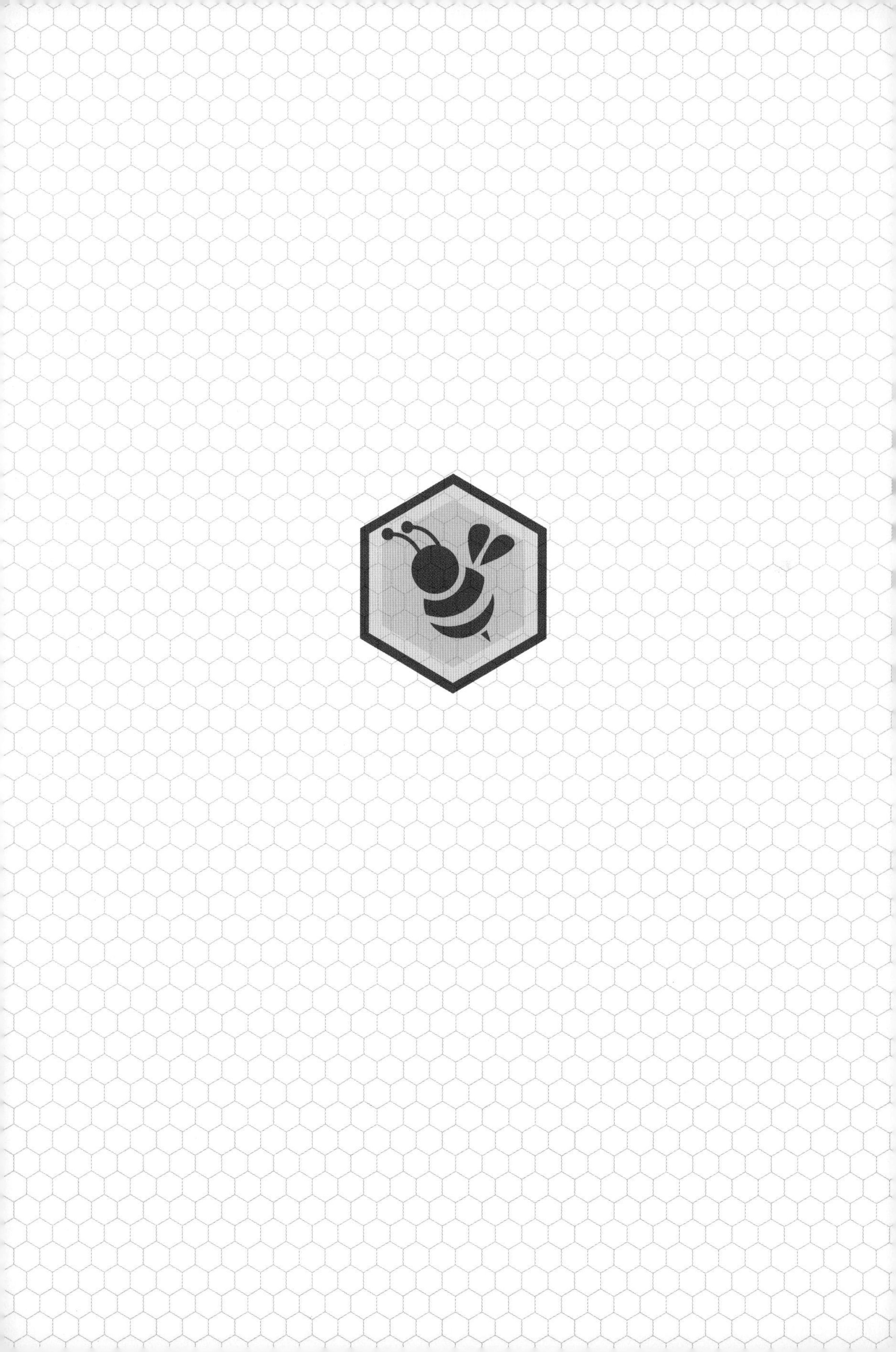

专题四

蜜蜂的行为活动

蜜蜂活动和行为复杂多样，例如对工蜂而言，其行为活动包括巢房清理、幼虫饲喂、服侍蜂王、巢脾建造、蜂巢维护、食物加工、蜂巢卫生、食物采集以及蜂群防御等。蜜蜂行为变化快速，其动态变化时的各种内外条件也很难同时监测，而且蜜蜂以往的学习经历和遗传背景差异进一步增加了蜜蜂行为的复杂性。这些因素增加了蜜蜂行为调控机制研究的困难程度，尽管如此，现有证据能充分证明蜜蜂缺乏思想意识。

工蜂幼虫生活在独立的巢房中，没有机会学习其他幼虫的取食等行为。子脾封盖后，幼虫吐丝作茧和后来的成虫出房行为都是本能进行的。成虫在蜂巢内的行为同样如此。总之，蜜蜂可以看作是一种小型生物机器人，在遗传指令驱动下对受到的刺激做出相应的反应，表现为各种各样的行为活动。本专题主要介绍蜜蜂丰富多样的行为活动。

一、蜜蜂行为的影响因素

蜜蜂的行为主要受遗传调控，遗传组成差异导致蜜蜂表现出不同行为[139]。例如，工蜂清除死亡幼虫或蛹的行为受两个特定基因的调控，其中一个基因调控工蜂打开封盖，另一个基因调控工蜂从开盖的子脾中移除死亡的幼虫或蛹，因此同时具有这两个基因的蜂群拥有高效的清洁卫生行为，从而有助于蜜蜂抵抗狄斯瓦螨、美洲幼虫腐臭病等病虫害。蜜蜂对花粉采集的偏好在很大程度上取决于遗传组成，蜜蜂开始进行采集的年龄在一定程度上受基因调控，蜜蜂防御行为和蜇刺倾向也受遗传影响。由此可见，蜜蜂行为似乎都受遗传影响。因此，在实际生产中，可以通过遗传育种，培育采蜜量高、繁殖力强、抗病力强、性情温和等行为特征的蜜蜂优良品系。此外，提高蜜蜂遗传多样性，有助于蜜蜂适应受当前人类活动影响而不断变化的环境。

蜜蜂行为也受发育阶段等内在因素控制。例如，泌蜡及相关行为需在蜡腺发育成熟后才能发生，刚出房的蜜蜂蜇针结构还未完全发育而无法蜇刺，年轻蜜蜂的神经系统和肌肉未完全发育因而不能飞行。随着蜜蜂年龄增长，分泌细胞不断发育成熟，向血淋巴分泌各种各样的激素，调控蜜蜂行为，但目前蜜蜂行为的激素调控研究相对匮乏。此外，体内机械刺激也会影响蜜蜂行为。例如，蜜蜂腹部的肿胀拉伸或收缩能被神经细胞感知，这些神经信号传递会刺激或抑制蜜蜂的饲喂行为。

蜜蜂行为还受外界环境中的各种刺激影响。蜜蜂身体表面几乎布满了听觉、嗅觉、视觉、触觉、味觉等感受细胞，它们极度灵敏，能感知声音、气味、味道、光线等多种刺激信息的种类及强度，还能感受到磁场。感受细胞接受外界刺激后，产生的神经冲动沿着神经通路传递，最终使蜜蜂做出应对该刺激的机械的行为响应。蜜蜂不同个体感受器官的敏感性不同，产生的神经冲动的强弱有差异。对外界刺激的感受本身也会迅速改变一些感受细胞和神经中枢的敏感性，有些细胞暂时疲劳，不再敏感，休息后才能恢复敏感性，而有些细胞则部分疲劳，敏感性降低。神经系统的这种动态改变极为迅速，会在毫秒间发生，所以蜜蜂个体应对同一刺激的行为响应也就千差万别了。当受到强烈气味刺激时，蜜蜂刚开始会做出明显的行为响应，而长期受到这种刺激时，其嗅觉感受细胞疲劳，不再对这种气味敏感。人的嗅觉也会出现类似问题，一些女士喷完香水后很快就闻不到自身香水的味道，而其他人刚一靠近，便闻到浓烈的香水味。蜜蜂嗅觉极为灵敏，远远超过了狗的嗅觉，而人对气味的感知能力却非常差，但人的视觉明显强过蜜蜂。正是由于人和蜜蜂感受系统存在的巨大差异，使人们对蜜蜂行为的客观理解变得特别困难，人和蜜蜂感受到的往往是同一事物的两个不同层面。

学习对蜜蜂行为活动具有深远影响。学习是在生活过程中通过获得经验而产生的行为或行为潜能的相对持久的适应性变化。对蜜蜂的采集行为而言，学习至关重要，蜜蜂能迅速将花香和花形同蜜源联系起来，它们学会在一天中花蜜和花粉最丰富的时刻采集，能记住植物花朵的位置因而能重复采集。然而，蜜蜂的学习能力并非体现了它们的智慧，它们的行为只是一种应激反应。可以将蜜蜂和计算机做一个比较，被编程后计算机也具有学习能力，但不管计算机设备及其程序多么复杂，计算机系统都没有思想意识或智慧，蜜蜂同样如此。所以，蜜蜂具有学习记忆能力，但并不意味着蜜蜂聪明或智商高。

二、方向和导航

蜜蜂飞行过程中的定向主要借助地表特征、太阳位置和偏振光[139]。显而易见，地表特征的空间分布格局有助于蜜蜂辨别方向。蜜蜂能通过生物钟计算出太阳的位置，而且即使在阴云密布的天气条件下，蜜蜂的眼睛也能敏锐地感受到穿透云层的紫外线，从而判断出太阳的位置，保证蜜蜂在阴天时准确导航。

有人曾观察到蜜蜂可以在温暖而满月的夜晚出来采蜜。此外，蜜蜂可利用地磁极性导航，因为它们可以检测和定向地球的磁场[140]。对磁场分辨能力最强的要数雄蜂和蜂王了，它们探测到很微弱的磁场变化，进而确定交配区域（雄蜂聚集区）。目前，蜜蜂是如何检测这种磁场变化的还有待研究，只知道蜜蜂和一些鸟、软体动物、细菌一样，体内有磁铁矿类物质。

蜜蜂出房 1 周后，会在巢房附近简单飞行，记住巢房周围的标识，这种飞行一般发生在下午，持续几分钟。当蜂巢相距很近且外观相似时，蜜蜂导航系统容易失灵，会有蜜蜂误入其他蜂巢。如果蜂巢成排放置，迷失方向的蜜蜂倾向于进入两端的巢房，这种现象在多风地区更为严重，为了避免出现这种情况，可在蜂巢入口处喷上不同颜色的图案。

三、学习能力

一系列研究成果表明，蜜蜂能学会如何高效采集食物。对蜜蜂学习能力的研究，通常借助于盛有糖水的饲喂器，并在里面添加了吸引蜜蜂的香味物质。最新召集的采集蜂在喂食点附近来回飞行，不停试探，逐渐接近，最终降落下来并取食。在随后的几次访问过程中，它们在喂食点周围试探性飞行的时间逐渐缩短，经过充分的学习后，它们从蜂巢到喂食点所需要的飞行时间最短并最终固定下来。

蜜蜂的学习能力也体现在对不同类型花朵的采集方法上。例如，蜜蜂刚开始进入紫苜蓿花中时，会意外激发一种类似鼠夹的结构，被其猛烈击中，但很快蜜蜂就学会从花的边缘取食花蜜，从而免遭夹击。

室内进行的迷宫行为训练实验也证明蜜蜂具有学习能力。与大鼠在迷宫里找到玉米的学习行为实验相同，经过训练的蜜蜂能根据迷宫内小隔间门上的彩色指示标记，通过准确的路线找到食物，而且需要的训练次数跟鼠类相同。蜜蜂几乎具有所有的经典学习行为，包括适应、习惯化、条件反射等，但缺乏认知和创造性思维，它们的学习只是建立在先天行为模式的基础上，无法学会全新的东西。

四、蜜蜂的活动和行为

（一）劳动分工

工蜂承担了蜂群中所有劳动，包括巢房清理、幼虫饲喂、服侍蜂王、巢脾建造、蜂巢维护、食物加工、蜂巢卫生、食物采集以及蜂群防御等工作。然而，并不是每一只工蜂都要承担这些所有的劳动。相反，蜜蜂具有一套精心策划的劳动分工，其中不同的劳动都被分配给不同的工蜂组去承担，保证了蜂群组织的极高效率。但是，每一只工蜂是如何决定进行哪种工作及劳动时长的？在任何时刻，巢内的工蜂都暴露于饲喂、食物储存、蜂王、回巢的采集蜂以及巢脾的刺激中，但是工蜂会忽略大部分信息，主要关注一部分与某些特定任务相关的刺激。工蜂个体如何进行劳动分工是蜜蜂生物学领域最值得研究的方向之一，该研究极大地促进了人们对蜜蜂社会系统灵活性和适应性的理解。

一般而言，工蜂年幼时承担巢房内的工作，年长时转变为巢房外的采集工作。虽然工蜂在不同日龄从事的劳动有较大的变化，但工蜂一般按以下行为进展发生变化。在刚出房的最初几天，工蜂主要进行巢房清洁和幼虫封盖工作。出房之后的 2 ～ 12 日龄，工蜂承担“哺育蜂”的工作，集中从事幼虫的饲喂和蜂王的照料。12 ～ 20 日龄的工蜂是“中年”时期，主要进行食物储存和加工、蜂巢维护和造脾的工作，在此阶段的末期，它们的职责是守卫蜂群。最后，在 19 ～ 21 日龄，工蜂开始转变为采集工作，并且花费越来越多的时间在从外界环境采集花粉、花蜜、水和蜂胶，但是同一蜂箱的采集蜂对不同物质的采集能力不同，它们偏好于采集其中一种。

有人认为蜂巢内蜜蜂复杂的行为互动是高智慧的体现，然而植物也极为复杂，却没被认为具有智慧。蜜蜂复杂的行为活动也不需要智慧，只是对刺激做出的一种机械响应。蜂群并未分配劳动工作，只是在遗传调控下，对刺激做出反射响应，表现为行为特化，有利于提高整体劳动效率。

（二）通信

社会性存在的基础是充足的通信。通信是指同一物种内不同个体间传递刺激信号，引发接受者的行为生理响应。通信不是智力、意识，或者像人类对信息的思考。通信广泛存在于蜜蜂社会中，蜜蜂个体间不断进行由光照和物理化学刺激等引起的信息交换。在长期的进化过程中，蜜蜂逐渐适应了黑暗封闭的巢穴环境，对气味、触觉、声音等刺激的感知非常敏锐。然而人们常常高估了蜜蜂的视觉作用，而低估了蜜蜂化学和接触通信的意义，例如，蜜蜂在巢脾上的爬行模式被错误地描述为舞蹈，但在黑暗的蜂巢内蜜蜂根本看不到这种所谓的舞蹈，相反，嗅觉、触觉、听觉等往往在蜜蜂个体间通信时传递更多信息。

很多学者开展了与蜜源质量和位置相关的蜜蜂通信研究，其中最著名的是 Karl von Frisch，因为在这一领域的突破性成就，他于 1973 年获得了举世瞩目的诺贝尔生理学奖[139]。其主要研究方法是，在透明玻璃巢房内，训练蜜蜂采集人造花蜜。人造花蜜是常用的蔗糖溶液，并添加了少量茴芹、薄荷、薰衣草油等香味物质来模拟自然花朵和花蜜的气味。这种人造花蜜对蜜蜂有很强的吸引力，因此能保证实验的有效性。将数量和质量不尽相同的人造花蜜放置于玻璃巢房内的不同方向和不同距离，采集蜂取食人造花蜜返回巢房后，会在巢房内部竖直的巢脾上舞蹈，这种舞蹈会持续几秒到一分钟不等，然后爬行到巢房其他位置重复这种舞蹈。在这种实验条件下，采集蜂会在大约 1 分钟内采集到蔗糖含量高、香味馥郁的高质量花蜜。而在自然环境中，采集蜂采蜜往往需要飞行很远距离，访问数百只花，在蜜源不足的时期更为严重。在采集蜂舞蹈的过程中，其他蜜蜂会通过触角感受这种舞蹈传递的信息，没有采集经验的适龄工蜂被成功召集后，飞离巢房，到达蜜源位置进行采集。

当蜜源距离巢房 10 米左右或更近时，采集蜂会跳圆舞；当距离增加到 10 ～ 100 米时，这种舞蹈逐渐转变为镰刀舞或新月舞；超过 100 米时，采集蜂跳摆尾舞（图 4–1），有时称为“8”字舞。跳“8”字舞时，采集蜂会在巢脾上做狭小的半圆运动，稍后一个急转并沿直线跑回到起点，在直线的另一边再做一个半圆运动，这样刚好是一个圆周，然后再沿直线回到起点，如此反复在同一个地点做几次同样的圆周运动。在“8”字舞的直线阶段时，蜜蜂腹部会左右剧烈摆动。

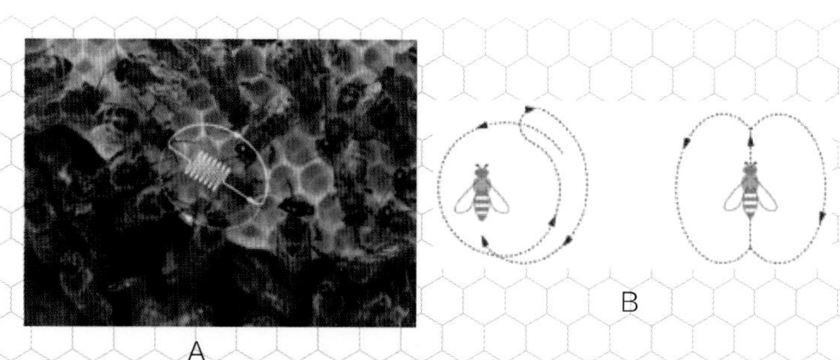

图 4–1　蜜蜂摆尾舞

A. 巢脾上的“8”字舞蹈　B. 舞蹈线路图

在理解蜜蜂舞蹈含义时，人们往往会过分夸大蜜蜂视觉的作用，但事实上，在黑暗的蜂巢里蜜蜂根本看不到舞蹈运动。已有研究表明，蜜蜂能检测空气粒子运动，具有听力，其听觉器官很可能是位于触角梗节上的约翰斯通氏器官。蜜蜂在进行摆尾舞时通过翅膀产生一系列低频（250 ～ 300 赫兹）脉冲声音，每次发音 20 毫秒，每秒 30 次，人的耳朵听不见这种声音，而追随的蜜蜂用触角接近舞蹈蜂腹部空气振动最强的地方，听到舞蹈传递的信息。脉冲数量与食物源的距离紧密相关，声音在与蜜源距离相关的通信中发挥了重要作用。

除了蜜源距离，蜜蜂舞蹈还能传递蜜源方向的信息，这是蜜蜂进化过程中形成的无与伦比的优势，见图 4-2。研究证据表明，蜜蜂摆尾舞的直线阶段能指示蜜源的方向。如果蜜源位于太阳的同一方向，蜜蜂直线爬行时头朝上，同时左右摆动它的腹部；如果蜜源位于与太阳相反的方向，它做摆尾舞时，在直线爬行摆动腹部时头朝下；如果蜜源位于与太阳同一方向但偏左（或右）呈一定角度时，它在直线爬行摆动腹部时，头朝上偏左（或右），与一条想象的重力线也呈同样的角度。当蜜源位置固定不变，由于地球自转，一天中太阳在天空的位置随着时间而改变时，蜜蜂直线爬行的方向也会同步改变。太阳高度的变化不会影响蜜蜂直线爬行的方向。

图 4-2　蜜源方向确定

蜜蜂舞蹈也能传递花的香味。采集蜂体表吸附了花的气味物质，返回蜂巢内进行舞蹈时，将花的香味传递给其他个体。无采集经历的蜜蜂闻到花的香味后，会去寻找相应的花，一般呈“之”字形飞行到花上，这是昆虫循着气味搜索到食物源头的典型行为；相反，有过采集经历的蜜蜂会直接迅速地找到那些花。

一些学者宣称蜜蜂只是循着气味找到食物，而不使用舞蹈传递的距离和方向信息。毫无疑问，蜜蜂嗅觉非常敏锐，能感知顺风传来的气味，并利用这种气味进行搜索，找到附近的食物，但这并不能说明蜜蜂不借助其他信息来确定食物的位置。理论上来说，蜜蜂通过距离和方向信息判断食物的大概位置，再利用气味寻找到具体地点，将是一种更有效的方式。随着蜜蜂个体实时定位系统的开发利用，在不同天气特别是风向条件下，追踪蜜蜂从蜂巢到食物源的飞行路线，这些问题终将得到明确解答。

蜜蜂舞蹈传递的另一种信息是花蜜的味道。被召集的蜜蜂产生 380 赫兹的振动，向采集蜂传递信号，来获得花蜜，这种行为能传递花蜜的蔗糖含量等信息。蜜蜂舞蹈的时刻也反映了植物产蜜和产粉的时间，这对蜜蜂而言极为重要，因为很多植物只在一天中特定且很短暂的时间段内产生花蜜和花粉。

舞蹈的蜜蜂数量和它们召集行为的频率能传递花蜜和花粉的数量及质量信息。当蜜源和粉源充足时，召集行为的频率和强度都增加；相反，当蜜源和粉源不足时，蜜蜂的舞蹈活动逐渐减弱，而食物源极为匮乏时蜜蜂不再舞蹈。

采集蜂外出采集时会遇到各种危险，包括捕食者、有毒化合物等，这些化合物有的是一些植物（例如七叶树属）花蜜和花粉的天然组分，有的是人工合成的农药。此外，有的转基因作物具有抗虫特性，它们的大面积种植，会对蜜蜂造成新的威胁。采集蜂死亡或其归巢受阻时，蜜蜂通信受到干扰，这对蜂群具有一定的保护作用。同时，采集蜂会进行380赫兹的振动，每次振动持续0.1秒，通过这种振动信号通知其他被召集的蜜蜂远离危险区域。

被召集的蜜蜂通常表现出各种各样的行为，说明它们可能接收到了总传递信息中的不同成分，但它们大多能快速找到远方即使处于下风区的食物源，这证明蜜蜂借助距离和方位信息来定位食物源，而不是仅仅依靠气味信息。同时，也有很多被召集的蜜蜂没有前往舞蹈指示的地点采集，这并不意味着相关信息没有传递出去，或没被接收到。看过多个舞蹈，以及之后离巢采集前的延迟时间，可以看作类似人类思想的决策过程。比较不同舞蹈所传递的食物源的信息后，蜜蜂会选择最好的食物源去采集。如果没有采集经历的蜜蜂对首次见到的舞蹈就产生迅速响应的话，就会出现混乱无序的局面，类似于人类冲动鲁莽的行为，可能导致蜂群过度前往贫乏的食物源采集，而失去了采集丰富食物的机会。因此，蜜蜂对单个舞蹈的消极响应，并不意味着舞蹈通信功能丧失。这样看来，舞蹈通信对于人类而言过于复杂难以理解，而在蜜蜂看来则是极为简单的。

有过采集经历的蜜蜂也会对舞蹈产生响应，但明显只对与其以往采集植物相同的蜜蜂的舞蹈产生响应，这种响应主要是由气味导致的，可由以下实验证明：移除食物源的食物，阻止蜜蜂采集食物，只允许其携带食物源的气味返回蜂巢，而其他蜜蜂则会立即飞离蜂巢到达食物源。一天中最早外出的采集蜂可看作侦查蜂，它们返回蜂巢后会促使其他蜜蜂前往食物源。

食物源到蜂巢的距离至关重要，食物源的吸引力随着距离的增加而降低。研究证据表明，其他条件都相同时，前往较远食物源的蜜蜂数量显著少于前往较近食物源的数量。当两个食物源的蔗糖浓度相同时，从 2 100 米外返回的采集蜂有 11% 会进行舞蹈，而从 100 米外返回的采集蜂进行舞蹈的比例高达 68%。当较远食物源的蔗糖含量增加后，从该处返回的采集蜂进行舞蹈的比例也会增加。

除了与食物采集活动相关的舞蹈，蜜蜂还能进行其他类型的舞蹈。工蜂身体上的灰尘颗粒、毛发等外来物质，会引发其清洁舞蹈，表现为跺脚和有节奏地左右摇摆身体，同时快速抬升和降低身体，并用中足清理翅膀基部。附近的蜜蜂会用触角触碰舞蹈者，并为其清理卫生。清理者张开下颚，先清理舞蹈者翅基下部，这时舞蹈者就会停止舞蹈，缓慢朝一侧伸开翅膀，弯曲腹部，弓着身体，似乎在配合清理者的服务。清理完毕后，清理者再清理其他部位。一只蜜蜂的舞蹈行为会吸引多个清理者为其连续服务，有的工蜂似乎专门从事清理活动，至少在短时间内如此。

DVAV（Dorso-Ventral-Abdominal-Vibration）舞蹈也是一种常见的蜜蜂舞蹈形式。舞蹈者的前足搭在其他蜜蜂的身体上，腹部做五六次的上下摇动，同时身体进行前后轻微摇摆，然后舞蹈者换到其他个体上重复该行为。这种舞蹈行为无论白天黑夜都会发生，但其功能尚不得而知。

（三）巢脾建筑

蜜蜂的巢房是令人惊叹的神奇天然建筑物。巢房是由工蜂腹部的 4 对蜡腺分泌的蜂蜡建成的，这些蜡腺在 12 ～ 18 天时发育成熟，产蜡量最高。卵圆形的蜂蜡小片在工蜂腹部最后四节的重叠区累积。泌蜡时，工蜂吞食蜂蜜，并聚集在正在建造中的巢脾附近。工蜂通过后足跗节的刺将蜡腺分泌的蜂蜡鳞片传递到下颚，经咀嚼后，黏附在正在建造中的巢脾上。令人惊奇的是，在完全黑暗的环境中，蜜蜂利用其难以置信的触觉，建造了精准六边形的巢房，这是容积最大、耗材最少的结构。蜜蜂利用触角测量巢房大小和巢壁厚度。蜜蜂使人类社会受益匪浅，人们从如此精妙的巢房设计中获得灵感和启发，这种用料少、体积大的六角形设计广泛应用于航空航天等高科技领域。

（四）幼虫饲喂

羽化 3 ～ 13 天的工蜂头部的食物分泌腺体已经发育成熟，此时它们主要从事幼虫哺育活动（图 4–3）。哺育蜂被工蜂幼虫释放的信息素吸引，用上颚腺和咽下腺分泌的高营养的乳白色液体——蜂王浆饲喂工蜂幼虫。孵化 2 天的工蜂幼虫，能不断获得蜂王浆，其数量远远超过摄食量，因此这些幼虫其实是漂浮在蜂王浆中。孵化第三天工蜂幼虫的摄食量增加，与获得的饲喂量相当。孵化三四天的工蜂幼虫食物中还混合有花粉和蜂蜜。研究表明，在每只工蜂幼虫的发育阶段，需要约 3 000 只哺育蜂进行饲喂。工蜂幼虫孵化五六天开始封盖时，哺育行为才停止。

雄蜂幼虫能获得与工蜂幼虫相似的食物，但蜂王幼虫摄取的食物不同，它们取食充足的蜂王浆，蜂王的生殖系统得以完全发育，卵巢增大，生理和行为与工蜂有明显差异。工蜂幼虫也有发育成蜂王的潜质，这取决于它们幼虫发育阶段摄食的营养物质，这种现象即为营养介导的级型分化。

图 4-3　工蜂饲喂幼虫（李建科　摄）

A. 工蜂饲喂工蜂幼虫　B. 工蜂饲喂蜂王幼虫　C. 王台里的蜂王浆和蜂王幼虫

（五）蜂群防御

蜜蜂的气味和活动吸引了众多入侵者，有的来取食蜂蜜和花粉，有的取食幼虫和成蜂。蜂群拥有不到 0.5% 的守卫蜂，负责防御动物、其他昆虫和其他蜂群的蜜蜂，轻微的扰动就会令守卫蜂进入防御状态，表现为前足抬升、触角外展。防御行为被激发时，守卫蜂张开下颚，伸展翅膀，似乎进入待飞状态，并发出嗡嗡的报警声。振动、气味、快速移动、黑色物体都能引发它们的防御行为并蜇刺入侵者，它们弯曲腹部，用腹部末端的刺针刺入来犯者的皮肤，刺针上的小倒钩会牢牢勾住皮肤。蜜蜂飞走后，刺针会留在来犯者的皮肤上，因为一部分内脏也随同刺针一起脱落，蜜蜂肯定无法存活。在刺针与蜜蜂身体分离时，刺针上的小倒钩刚刚刺穿皮肤表面，几秒后，刺针上的神经节仍能活动，控制刺针上的肌肉继续收缩，驱使刺针继续扎入皮肤深处，并将蜂毒注入来犯者体内。蜂毒的注入需要几秒的时间，如果被蜇后立即拔去刺针，会减少进入人体的蜂毒，从而减少疼痛感和其他影响。

蜜蜂蜇刺后，刺针会迅速释放挥发性的报警信息素，这种气味会留在伤口附近，告诉周围其他蜜蜂入侵者所在的位置，吸引其他蜜蜂继续前来攻击来犯者，然后释放更多的报警气味，从而产生链式反应，数秒内大量蜜蜂就会攻击敌人。同时，蜇刺后的蜜蜂继续在周围飞行，产生警报声，进一步激活其他守卫蜂的防御行为（图 4–4）。

图 4–4　蜜蜂蜇针及蜇人后的情形（黄志勇　摄）

这些防御行为一般发生在蜂巢附近，对欧洲蜜蜂来说，通常距离蜂巢几米范围内。而在远离蜂巢的位置，蜜蜂一般不倾向于蜇人，除非徒手去抓或拍打它们，或者光脚踩它们。蜜蜂的蜇刺行为并不意味着蜜蜂好斗或者愤怒，恰恰相反，这种行为只是对外界刺激的响应。

羽化 1 天的工蜂不会蜇刺，因为它们的刺针太软而无法刺破皮肤。雄蜂没有刺针，蜂王有刺针，只有与其他蜂王竞争时才蜇刺。影响蜜蜂防御行为产生及防御强弱的因素如下[139]：①群势强的蜂群具有更强的防御行为。②蜇刺时释放的报警信息素是导致防御行为的主要因素。③蜂巢附近的快速移动和黑颜色诱发蜇刺行为，离蜂巢较远处则不会。④烟雾能破坏蜜蜂的防御行为。检测蜂巢时，使用白色微凉的浓烟熏 3 分钟后打开蜂巢，能极大降低蜜蜂的蜇刺行为。⑤日落时分蜜蜂的防御行为增强，并能持续整夜。蜜蜂虽然在夜晚不会定向飞行，一旦接触后，它们就会爬行并马上蜇刺。⑥整理蜂箱或巢脾时，若不小心挤压到蜜蜂，会引起蜜蜂报警信息素的释放，导致蜜蜂蜇刺行为。⑦在动物或其他害虫经常对蜂群造成干扰的蜂巢附近，更容易出现蜇刺行为。⑧挤压或切断巢脾时产生的气味能引起蜜蜂防御反应。⑨食物匮乏或采集环境变化时，蜂巢入口处的蜜蜂飞行活动减少，更多的蜜蜂聚集在蜂巢内，它们对外界扰动更加警觉，更容易产生蜇刺行为。⑩巢脾上的空巢房数量越多，越容易出现蜇刺现象，这可能跟蜂群挥发性物质的释放有关。⑪ 蜇刺行为在很大程度上受到蜂群遗传组成的影响。⑫非洲化蜜蜂蜂群中守卫蜂的比例很高，它们在蜂巢附近很容易被扰动，它们的蜇刺防御范围能扩大到距离蜂巢 300 米远的地方。

蜂群防御行为意义重大，它能有效保护蜂群，但同时也会造成人们养蜂时被蜇的潜在危险，正因为此，蜜蜂不能集中过度饲养，以免造成食物源枯竭、蜂产品产量降低、蜜蜂蜇刺现象增多等后果。

（六）盗蜂行为

盗蜂行为是指蜜蜂不去花朵采集而是从其他蜂巢盗取花蜜和蜂蜜的现象，一般发生在蜜源短缺时期（图 4–5）。自然条件下，一个蜂群由于某种原因死亡后，留下的蜂蜜会被其他蜂群盗食。在现代养蜂产业中，盗蜂行为容易被打开蜂箱后暴露的蜜脾所引发，养蜂厂中蜂箱距离太近也容易引起盗蜂行为。蜂箱打开后，蜂蜜暴露在外，蜂群防御也处于一种无序状态，由于更高的蔗糖含量和芳香气味，蜂蜜比花蜜更能吸引周围蜂群的侦查蜂，发现这种“免费午餐”后，侦查蜂迅速采集蜂蜜带回蜂巢，在几分钟内召集更多采集蜂前来盗蜜。在这种情况下，蜂农不经意间就训练培养了蜜蜂盗蜜的能力，即使将蜂箱关闭后，也会有蜂蜜气味从蜂箱入口处传出，因此盗蜂行为会持续下去。

图 4-5　蜜蜂的盗蜂行为（盗蜂通常不从巢门出入，而是寻找蜂箱缝隙进入。李建科　摄）

盗蜂很容易识别，因为不熟悉新的环境，它们会在被盗蜂巢外不停搜索，然后停靠在被盗蜂箱入口、裂缝和缺口处，而生活在这个蜂箱中的蜜蜂不会有此行为表现。盗蜂表现出无采集经历的采集蜂第一次飞近花朵时的行为特征，即接近气味源时“之”字形迂回飞行，在目的地上方盘旋，降落后十分小心谨慎，时刻做好飞行逃跑准备，慢慢适应周围环境后，开始摄取食物。被盗群的守卫蜂感受到外来入侵者携带的气味后，奋起反击，试图驱离盗蜂。守卫蜂数量众多的蜂群遭受盗蜂危害的可能性低，而自卫能力差、群势弱的蜂群易遭盗蜂危害。有的盗蜂能成功突破守卫蜂的防守体系，逐渐获得了被盗蜂群的气味，能长期盗蜜，这种行为被称为“持续性盗蜂”。

蜂农只有充分了解盗蜂行为后，才能有效预防和减轻盗蜂危害，可以采取以下措施：①断蜜期尽量减少开箱操作。②打开蜂箱时，将蜜脾盖严，减少暴露时间。③提前制订周密计划，减少开箱时间。④修补蜂箱缝隙和缺口。

用木塞或其他填充物减小巢口来减少盗蜂危害，往往效果不佳，盗蜂仍然会循着巢口散发出来的气味找到巢口。正确的做法是，使用过滤器装置，它允许气味通过，吸引盗蜂，阻止盗蜂找到正确巢口，这种装置使守卫蜂集中在巢口处实施更有效的防御。返回的采集蜂会很快适应这种装置。用这种装置覆盖 90% 以上的巢口后，可以长期放置。与其他实心的屏障相比，这种装置的优势在于良好的通透性。

新收割的巢脾会残留一些蜂蜜，一些蜂农把它们放在室外，供蜜蜂重新收集利用，等巢脾干燥后再储存起来。但这样做一方面训练了蜜蜂盗蜜行为，对周围人、畜带来蜇刺风险，另一方面也会造成蜜蜂病菌传播扩散到其他蜂群，因此这种做法不可取，在美国一些州也是法律禁止的。正确的处理方法是，将这些巢脾暂存在蜂巢内部最上边，放置一两天直到蜜蜂收集完上面残留的蜂蜜。蜂场中蜂群数量越多，越可能发生盗蜂。

（七）扇风行为

蜜蜂通过翅膀扇风主动调节巢内环境，扇风有助于控制温湿度、信息素分布、花蜜中的水分蒸发和呼吸气体的含量等（图 4–6）。

图 4-6　蜜蜂扇风行为（李建科　摄）

蜜蜂比人类更早应用了蒸发降温的方法。天气炎热时，巢房内部各处的蜜蜂伸展开喙将小水滴分散成薄片，并通过扇风加快水分蒸发，带走蜂巢内的热量。蜜蜂触角末端6节上有灵敏的生物恒温器，感知周围温度，来调控自身行为。花蜜中的水分蒸发也有助于降低巢内温度。

最明显的扇风行为发生在巢口，蜜蜂扇风促使气流从巢口一侧进入，巢内的蜜蜂扇风将巢内气流循环起来，最终从巢口另一侧排出。在巢口用细线悬挂一个羽毛，可以清楚观察到气流的方向，缓慢移动羽毛可以分辨气流进入和排出区域。更为神奇的是，如果将烟雾引入气流进入区域，蜜蜂会立即改变气流方向，从而排出烟雾。在流蜜期，巢房内的空气流动能加速花蜜中的水分蒸发，促进花蜜向蜂蜜的转变。巢房内蜜蜂呼吸排出的气体和其他气味，也可通过扇风行为替换为新鲜空气。

另一种扇风行为，称为定位扇风或臭味扇风，有助于特定条件下蜜蜂定位。产生这种行为时，蜜蜂腹部上拱，最末背片轻微弯曲，暴露臭腺，释放气味物质，并借助翅膀扇风而使气味挥发扩散。这些物质中的主要信息素包括香叶醇、柠檬醛、橙花醇、法尼醇、香叶酸、橙花酸和其他微量成分，这些混合物的气味对蜜蜂有很强的吸引力，分蜂时定位扇风能引导蜜蜂接近蜂王，蜂群首次进入新的巢穴地点时定位扇风更为重要。为了清楚展示定位扇风的效果，可将蜂巢暂时移到几米外，采集返回的蜜蜂会在蜂巢原处上空不停盘旋，等把蜂巢放回原处时，它们立刻降落，钻进巢口。先返回到蜂巢的采集蜂进行定位扇风，指引其他采集蜂返回蜂巢。

扇风也有助于蜂王、幼虫和报警等信息素以及其他气味在巢内的扩散，这似乎是蜜蜂个体间快速通信的一种重要机制。

（八）洗衣板行为

蜜蜂的洗衣板行为发生在蜂巢外面接近巢口的位置，蜜蜂个体相互间隔 1 ～ 3 厘米，朝着巢门，头和前足向下垂，用中足和后足站着，身体向前后猛烈运动，进行“摇荡”或“洗衣板”动作[139]。与此同时，上颚以快速的剪切动作滑过蜂箱表面，似乎是在做清洁工作，触角末端碰触蜂箱表面并不停移动。片刻过后，能观察到蜜蜂上颚下缘有物质分泌出来。然后，蜜蜂移动到附近区域，继续重复这种动作。“洗衣板”行为在白天发生次数多，午后较晚时间达到高峰，并持续到傍晚，天气温暖时洗衣板行为更加频繁。洗衣板行为可能是蜜蜂的清理行为，通过这种工作对蜂箱表面加以打磨，也可能通过未知功能的分泌物覆盖蜂箱表面（图 4–7）。

图 4–7　蜜蜂的洗衣板舞蹈（李建科　摄）

（九）采集行为

蜜蜂羽化 4 天后开始飞行，但羽化 2 周左右才能外出采集。蜜蜂维持生活需要花蜜、花粉、蜂胶和水，采集蜂选择采集哪种食物取决于蜂群需求、采集蜂的遗传组成、食物资源相对丰度及其他因素，而一旦选定，蜜蜂通常会继续采集相同类型的食物。采集花粉的蜜蜂会有时改为采集花蜜，而采集花蜜的蜜蜂不会采集花粉。蜜蜂的时间观念非常强，有助于它们在一天中资源丰富的时刻采集到充足的食物，因而具有重要的生物学意义。

蜜蜂是为农作物传花授粉的主要昆虫。蜜蜂采花具有专一性，某个蜜蜂开始采集一种花后，它将矢志不渝，持续采集这种花，直到这种花凋谢为止。即使在多种花同时盛开的区域，蜜蜂依然钟情于它们最初采集的那一种花，蜜蜂的这种专一性有助于花粉在同种植物间传播。然而，也有例外发生，返回蜂巢的采集蜂中，约有 3% 的个体携带了多种植物的混合花粉。

蜜蜂通常多次往返同一片区域进行采集，因而具有采集区域专一性。蜜蜂采集区域面积大小不固定，有时小到一棵树，主要取决于采集区食物资源多少和与其他采集蜂或昆虫的竞争。蜜粉资源减少时，采集蜂到访数量下降；食物源增加时，蜜蜂采集活动也随之增强。

（十）清巢行为

大多数蜜蜂会在临死前离开蜂巢，约 10% 的成蜂会老死在巢内。蜂巢内死亡和垂死的蜜蜂，不论在哪个发育阶段，释放的气味都会被负责清理工作的蜜蜂感知到，后者将这些蜜蜂移出蜂巢。如果死尸不重的话，会被轻易举起，扔到蜂巢外面。而较重的尸体，要么被慢慢拖到巢口，扔到地面上，要么待失水干燥后，被负责清理工作的蜜蜂举起来扔出巢房。有人曾做过这样一个实验，将涂有荧光粉的蜜蜂尸体放入蜂巢，在夜晚借助紫外灯可以看到蜜蜂尸体发出的荧光，待蜜蜂清理工作结束后，大部分尸体在距离蜂巢 100 米内被发现。

（十一）越冬行为

蜜蜂是变温动物，温带地区的蜜蜂产生了很强的适应性，顺利度过寒冷的冬季。蜜蜂不进行冬眠，天气温暖时，它们变得活跃起来；气温降低时，它们在巢内抱团，有助于减少营养代谢和肌肉活动产能的散失。有些蜜蜂，叫作产热蜂，产热特别多。在幼虫哺育期，蜂团内的温度维持在 33℃。在天气寒冷的季节，蜜蜂会停止哺育幼虫，蜂巢内温度波动大，一般降到 27℃。在晚冬或早春时节，蜜蜂重新启动哺育活动。在 1 月底，打开被冰雪覆盖的蜂巢，会惊奇地发现蜜蜂正在哺育幼虫，而巢内温度高达 33℃。

蜜蜂不在巢内排便，只有在气温高于 12. 8℃时，才飞出巢外排便，在巢外附近雪地上能看到蜜蜂排出的大量粪便。气温低于 12. 8℃时，蜜蜂不会飞出巢外，在长达几个月的寒冷冬季，蜜蜂能忍住不排便。蜜蜂成功越冬需要强盛的蜂群、充足的花粉花蜜和活跃的蜂王。

（十二）分蜂行为

蜜蜂无法单独生存繁殖，而是营社会性生活，成千上万只蜜蜂生活在一起，各司其职。分蜂是蜜蜂群体增殖的唯一方式，是一种非常壮观的行为，大约半数的蜜蜂包括蜂王突然飞离蜂巢，并选择一个新址筑巢。分蜂是季节性的，主要受天气影响，一般发生在蜜、粉源充足的春末夏初 4 ～ 6 周的时间段内。

分蜂前，蜂王产卵量激增，致使蜂群内蜜蜂数量骤增，与此同时大量蜜蜂羽化出房。蜂巢里有少量王台，但只有在准备分蜂时才使用，此时蜂王在 6 个以上的王台里产下受精卵，它们在幼虫发育的整个时期都取食蜂王浆，约 8 天后封盖。

蜂群内工蜂建造的自然王台见图 4–8，蜂群内工蜂建造的急造王台见图 4–9。

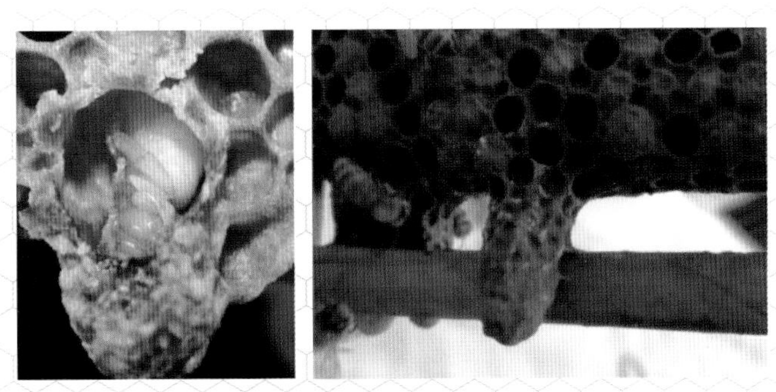

图 4–8　蜂群内工蜂建造的自然王台（李建科　摄）

图 4–9　蜂群内工蜂建造的急造王台（李建科　摄）

除了新蜂王的培育，蜂群还必须为产卵蜂王和分蜂群的离开做好准备。产卵活跃的蜂王因为太重无法起飞，它必须在带领蜂群分蜂前减轻体重并减少产卵。通常产卵蜂王很少或不关注外界的环境，但是如果产卵蜂王与分蜂群被吸引到巢外，蜂王必须提高对外界刺激的敏感度。这些蜂王情况的变化是必要的，因为如果产卵蜂王无法离开旧巢或到达新巢，分蜂的尝试将会中止或完全失败。工蜂至少采用三种机制来为产卵蜂王的分蜂做准备。第一，它们降低通过交哺饲喂蜂王的比率，这样可以使蜂王减轻体重，也可以使产卵量减少。工蜂绝不会完全停止对蜂王的饲喂，而蜂王也不会完全停止产卵。这确保了在原巢内卵和幼虫的持续供给，这些供给用于原巢内新蜂王的培育，并且当旧蜂王到达新巢后有利于原巢内幼虫饲养的快速开始。第二，工蜂对蜂王发出振动信号。产卵蜂王在分蜂前会被工蜂发出振动信号 2 ～ 4 周，工蜂经常在王台建造前几天甚至几周开始发出振动信号。对产卵蜂王发出振动信号往往是蜂群开始分蜂准备的第一迹象。在分蜂准备周期，向蜂王发出的振动信号逐渐增多，但振动速率是变化的，通常在分蜂群离开前的最后 1 ～ 2 天振动活动会增加[141]。产卵蜂王通过提高移动速率来响应振动信号。蜂王活动的加强结合工蜂饲喂的减少，带来蜂王体重的明显减轻，这样有利于蜂王为飞行做准备。被执行振动信号的蜂王也会对一系列刺激表现出不同的响应，这更有利于为它们离开原巢做准备。第三，在分蜂准备的最后几天工蜂对产卵蜂王发出脉冲声波，在分蜂群离开前对蜂王发出的脉冲声波会立即剧烈地增加[141]。在飞行准备中脉冲信号的发出会使蜜蜂的飞行肌肉保持兴奋状态。交哺行为和振动信号对产卵蜂王的结合使用，是为了让产卵蜂王做好生理和行为上离开原巢的准备，而工蜂向产卵蜂王发出脉冲声波是分蜂飞行的开始信号。蜂群离开前的最后时刻工蜂也会对其他工蜂发出脉冲声波，并在巢脾上快速跑动的同时翅膀发出嗡嗡响声，这就是最后蜂群要大规模离巢的信号[142]。因此，工蜂具有一系列通信信号可以协调分蜂过程中蜂王和工蜂的行为。

分蜂前几天，大量蜜蜂聚集拥挤在蜂巢内，巢口的蜜蜂有时甚至被挤出蜂巢。分蜂一般发生在晴暖天气，分蜂前所有参与分蜂的工蜂蜜囊中都装满蜂蜜。蜂巢内部的蜜蜂开始跳“呼呼舞”，包括腹部振动，翅膀发出呼呼声，向巢口拥挤。其他蜜蜂积极响应，加入这种舞蹈，整个蜂群在巢内骚动起来。很快，大量蜜蜂从巢口涌出并飞到空中，呼呼作响，场面震撼。刚开始分蜂的工蜂性情温驯，不会蜇人。几分钟后，这些蜜蜂飞到附近树干、灌木等光线较弱处结团，一般距离原巢不超过 50 米。

侦察蜂积极搜索合适的新巢，这种活动在分蜂前就已经开始。每一只侦察蜂用一定的时间来表达它选择的蜂巢地点，然后离开蜂群重新考察地点，再返回蜂群继续舞蹈。每次连续不断地返回蜂群，侦察蜂舞蹈的时间更短直到最终完全停下。然而侦察蜂舞蹈的活力和持续时间随着蜂巢地点的质量而变化。对于质量更好的蜂巢地点，在侦察蜂离开巢房前侦察蜂的舞蹈时间更长，这样会召集大量的其他蜜蜂访问这个蜂巢地点并回巢向其他成员继续舞蹈。相反，对于不好的蜂巢地点，侦察蜂的摇摆舞少，仅能召集少量的蜜蜂前去访问，并回巢继续舞蹈。最终的结果是质量差的蜂巢地点的舞蹈和召集减少，因此，通过集体决策，所有的舞蹈活动最终会集中在所有的蜂巢地点中最好的一个[143]。这时蜜蜂再次跳起“呼呼舞”，侦察蜂率领分蜂团前往新蜂巢。一些蜜蜂周而复始地从分蜂团后方朝前方飞行，似乎在引导分蜂团向新巢穴的方向飞行。到达新的巢穴位置后，它们很快恢复了正常行为，开始建造新巢，并在几天后竣工。

当分蜂群进行新巢房的寻找工作时，原始蜂群中的其余蜜蜂在原群中完成了处女王的培育。当蜂王出房后，一些蜂王可能会随着次分蜂群离开。然而，相比遭受分蜂群可能会经历的生存风险，处女王留在分蜂后的原群能获得更多的好处，例如，已经完全建成的巢脾、较多的工蜂群体以及储存在巢内的食物。因此，出房后的处女王通常会杀死巢内其他出房的处女王，自己成为分蜂后的原群的新蜂王，见图 4-10。因此，在某种程度上，这种蜂王替换的结局取决于斗争能力以及处女王所展现出的一系列影响斗争成功的行为。处女王会发出两种脉冲声波，由一连串长而高的脉冲信号组成。第一种类型是蜂王脉冲声波，发出“嘟嘟”声，由处女王发出。这种声波信号的作用还不清楚，可能是一种战斗口号，用来表达蜂王的意愿和战斗的能力。处女王发出这种信号的比率越高，其杀死其他对手，成为蜂群新蜂王的可能性就越大[35]。这种信号还会抑制仍然在王台中发育的处女王的出房，这样就给了已经出房的处女王更多杀死其他竞争对手的机会。第二种脉冲声波类型是，发出“嘎嘎”声，由还处在王台中的处女王发出。未出房的处女王会发出“嘎嘎”声来响应已出房处女王发出的“嘟嘟”声，但是这种“嘎嘎”声的作用也还不清楚。处女王在飞行的过程中会从后肠中喷射出一种液体[144]，这种行为的作用还不清楚，但喷射出的液体对工蜂在喷射区域内聚集具有很强的吸引作用，这样工蜂的聚集可以有效地保护喷射液体的蜂王不被竞争对手攻击。分蜂结束后，原巢里的处女蜂王婚飞交配和幼虫哺育等活动重新启动。

图 4-10　已出房的处女王相互决斗（李建科　摄）

尽管处女王的斗争能力已经发育得很好，但蜂王更换过程的最终决定权在于工蜂。工蜂能与处女王互动，有时能达到极高的速率，这些互动会影响处女王的出房、斗争的成功以及决定处女王最后的命运。工蜂可以在蜂王试图出房时通过将王台重新封盖从而抑制其出房，也可能会在封盖王台上执行振动信号来抑制其出房[35]。蜂王出房的时机对其能否成为蜂群新王有着深远的影响，较早出房的蜂王可能会有更多机会去杀死那些未出房的竞争对手并接管蜂群[35, 145]。事实上，工蜂会保护那些被阻止出房的蜂王，以确保有足够数量的处女王存活来完成蜂王的更换。工蜂也会追逐、攻击已出房的蜂王，并向其发出振动信号，这可能会阻止或中断它们之间的侵略性的行为，并在蜂王决斗中决出胜者[35, 145]。

工蜂与处女王相互作用的程度取决于次分蜂群是否已经产生。如果当主分蜂群离开原巢后，次分蜂群还未形成，那么产卵蜂王必须尽快被更换来减小幼虫饲养中断所造成的损失。这种情况下，工蜂不会与蜂王产生任何互动，并且允许早出房的处女王尽快杀死未出房的竞争对手，结果是蜂王相互之间的淘汰过程在 24 ～ 48 小时内就会完成，并且最先出房的处女王会成为蜂群的新王。相反，如果次分蜂群已经形成，数只处女王必须存活，每一个次分蜂群都需要一个处女王，并且原群也需要新的处女王。这种情况下，工蜂会与处女王和王台保持极高的互动频率，并且蜂王的淘汰过程会花费 3 ～ 5 天来完成。当次分蜂群形成后，蜂王的命运并不由其出房的顺序来决定，而是由其与工蜂的互动来决定的。收到更高频率振动信号刺激的处女王，其存活和成为产卵蜂王的可能性更大[35, 145]。然而处女王影响工蜂与其互动的特点以及决定处女王最终命运的特点有待进一步研究。

（十三）成蜂间食物传递

成年蜜蜂之间也会频繁传递花蜜和蜂蜜等食物，这种食物传递现象称为交哺现象，它用时很短，一般不超过 20 秒，见图 4–11。两只蜜蜂之间的交哺以一只蜜蜂的“乞求”或对一只蜜蜂的“提供”行为开始，两者头对头，用吻饲喂，在饲喂过程中两只蜜蜂的触角不断相互碰触。在食物传递的过程中，蜜蜂也传递了信息素或其他生物活性物质，有助于蜂群生活和团结。此外，水分也以同样方式进行传递。

图 4–11　工蜂相互的交哺行为（李建科　摄）

（十四）蜂王的活动和行为

刚羽化出房的蜂王非常活跃，如果未受到工蜂阻止，将会破坏巢内其他蜂王巢房。当遇到封盖的王台，处女蜂王便用锐利的上颚在王台侧面咬开一个小孔，从小孔处伸入刺针刺死未出台的处女蜂王，工蜂破坏王台并清理死尸。在准备分蜂时，工蜂聚集在蜂王周围，阻止其攻击其他处女蜂王。处女蜂王经常停下来，紧贴巢脾，振动翅膀，发出高频尖锐的“嘟嘟”声；未出房的处女蜂王发出“嘎嘎”声进行回应。

处女王羽化出房 6 天后即可性成熟，其婚飞交配不是在巢内进行。婚飞一般发生在天气温暖（18℃）无风的午后，持续 5 ～ 30 分钟，见图 4-12。蜂王是一妻多夫制，处女王会跟约 15 只雄蜂交配，可在 1 天内完成，也可在几天内完成。交配后蜂王输卵管里充满了精子，精子游入储精囊。令人惊奇的是，蜂王能完好储存精子，并保证其活性多年，从而供自己终生使用，而不需要再次交配。一妻多夫在动物王国是相对少见的，因为一只雌性通常可以从一只雄性那里获得足够的精子来为她所有的卵子受精，再与另外的雄性交配，加大了能量消耗，并且提高了被捕食和感染疾病的风险。那为什么蜜蜂蜂王进化出如此极端的乱交？蜂王通过与众多的雄蜂交配，增加了后代的遗传多样性，多样性的提高主要有两大优点：第一，降低了蜂王产出二倍体雄蜂的可能性[146]。在蜜蜂群体中有大量的 csd 等位基因，跟蜂王交配的大多数雄蜂都会携带一个与蜂王本身不同的等位基因，因此蜂王产的大多数受精卵都是 csd 基因的杂合子，发育成为可育雌性工蜂而不是不育二倍体雄蜂。第二，提高工蜂中遗传多样性，促进蜂群的健康和存活。实验中蜂王分别与 1 只和多只（10 ～ 15 只）雄蜂采用等体积精液进行仪器受精，结果表明遗传多样性高的蜂群患病较少，能更好地维持巢内温度，具有更大的召集力和采集活力，能在更广阔的环境中采集食物，拥有更大的工蜂群体，建造更多的巢脾，储存更多的食物，以及具备更强的越冬能力[147，148]。工蜂也更喜欢与较多数量雄蜂交配的蜂王。与跟单一雄蜂交配的蜂王相比，多雄蜂交配的蜂王大脑中具有基因表达的不同模式，产生不同的信息素表达谱，并且会得到工蜂更多的注意[149]。虽然这种偏好的功能并不清楚，但有助于促进蜂王产出具有遗传多样性的劳动力，有利于蜂群的成功繁衍。

图 4-12　处女王婚飞结束后飞回蜂巢（李建科　摄）

蜂王交配 3 天后，开始产卵。通过透明玻璃蜂房，可以观察蜂王产卵的奇特行为，蜂王能轻易找到空巢房并在里面产卵，但在完全黑暗的环境下它是如何快速找到空巢房的呢？或许是因为工蜂清理完巢房后释放了信息素，而蜂王能感知到这种信息素，从而获得了相关信息，见图 4-13。产卵前，蜂王会将头和前足伸进巢房内进行检查，从而确定该巢房是工蜂还是雄蜂巢房。然后蜂王缩回头，弯曲身体，将腹部插入巢房内，在巢房底部产下一枚卵。若在工蜂巢房中产卵，当卵子沿输卵管排出时，蜂王从储精囊中释放精子，形成受精的二倍体卵，最终发育成为工蜂。若在雄蜂巢中产卵，当卵子排出时，蜂王不释放精子，得到未受精的单倍体卵，最终发育成雄蜂。每产下一粒卵需要 9 ～ 12 秒，持续产下多个卵后，蜂王就会停止不动，工蜂前来为其清洁并喂食，然后蜂王会继续产卵。

研究表明，蜂王每昼夜可产 1 500 ～ 2 000 粒卵。蜜蜂群势决定于蜂王日产卵量和工蜂寿命，如果工蜂寿命按 35 天计算，一个蜂群可拥有 35 000 ～ 52 500 只蜜蜂。蜜蜂群势强弱决定了蜜蜂生产力高低，所以繁殖力高的年轻蜂王对提高蜂产品产量至关重要。蜂王第 1 年的产卵量最高，随着年龄增长，蜂王产卵量逐渐下降。因此，每年更换新的蜂王极为重要，新蜂王也能保证产生充足的信息素来激活整个蜂群的活动。

图 4-13　蜂王释放随行信息素吸引工蜂跟随（李建科　摄）

除了产卵，蜂王在蜂群中不进行其他的体力劳动。尽管如此，蜂王却是影响蜂群组织唯一的、最重要的个体，蜂王通过分泌信息素来发挥其影响作用。蜂王产生的最主要的信息素信号叫作蜂王上颚腺信息素（QMP），它实际上是上颚腺分泌的 5 种不同信息素的混合物。另外 4 种信息素，其中 3 种是由上颚腺以外的腺体产生，与 QMP 协同作用[150]。这 9 种多信息素混合物被称为“蜂王随行信息素”（QRP），因为它会引起年轻工蜂围绕跟随、触碰蜂王，并对蜂王进行舔舐和清洁[151]。QRP 和随行响应对蜂王的健康和活力是必不可少的。此外，蜂王利用 QRP 来表示它的存在并影响蜂群的繁殖和工蜂的生理[151]。当工蜂与蜂王互动时，工蜂会带走 QRP 并在整个蜂群中散布[152]。在蜂巢内持续散布 QRP 可以抑制工蜂培育新的蜂王。这也是为什么当蜂群变得十分拥挤时（开始分蜂准备的情况），工蜂开始建造王台的原因。在拥挤的条件下，蜂王的随行工蜂无法在蜂群中快速有效地传播 QRP，工蜂建造王台行为没有得到抑制。QRP 的缺乏预示着失去了蜂王，其结果是仅在数小时内便开始培育新王。此外，QMP 的分布也会抑制工蜂卵巢的发育。幼虫产生的信息素也会抑制工蜂卵巢的发育[153]。在这种情况下，当蜂群里有一个正在产卵的健康蜂王以及大量发育中的幼虫，几乎没有工蜂会激活自身卵巢的活性并试图产卵。然而，如果蜂群失去了蜂王，且巢内没有发育中的幼虫还持续失王的状态，那么长期缺乏 QMP 及幼虫信息素导致一些工蜂卵巢的激活并产出未受精的卵，进而发育成雄蜂[151]。

除了对培育蜂王和工蜂卵巢发育的影响之外，QRP 以及 QMP 还影响着蜂群生活的许多其他方面[151, 153]。近期的工作揭示了工蜂暴露在 QMP 中会改变大脑中基因的表达模式，这可能影响工蜂的行为和发育的许多方面[85]。例如，蜂王信息素会影响巢脾的建造和食物的采集。与无王群相比，有王群具有更强的造脾能力和采集活力。QMP 能影响调节工蜂不同日龄劳动分工的激素的产生[153]。QMP 还能影响工蜂的学习能力[154]。QMP 中的某些化合物与蜂群定居有关，其他的仍然是蜂王性信息素的成分，在处女王婚飞过程中用来吸引雄蜂。

蜂王也可以产生一种产卵信号，可能与杜氏腺有关[153]。蜂王和产卵工蜂都会产生化合物，可能是在产卵期间作用于卵，见图 4–14。然而，蜂王的产卵信号包含一些产卵工蜂不具有的化合物从而导致蜂王自身产的卵上带有特殊的蜂王信号。工蜂凭此信号区分蜂王产的卵和工蜂产的卵，警戒蜂吃掉几乎所有工蜂产的卵。此外，工蜂会用身体攻击那些卵巢发育的工蜂来抑制其产卵活力[155]。总之，工蜂的监控和攻击行为使得蜂群里 99.99% 的雄蜂是由蜂王产生的[156]。因为工蜂产卵带来的生殖竞争进而会扰乱正常的蜂群功能，蜂王的产卵标记信号有助于确保蜂群生存必需的凝聚力和协作力[157]。

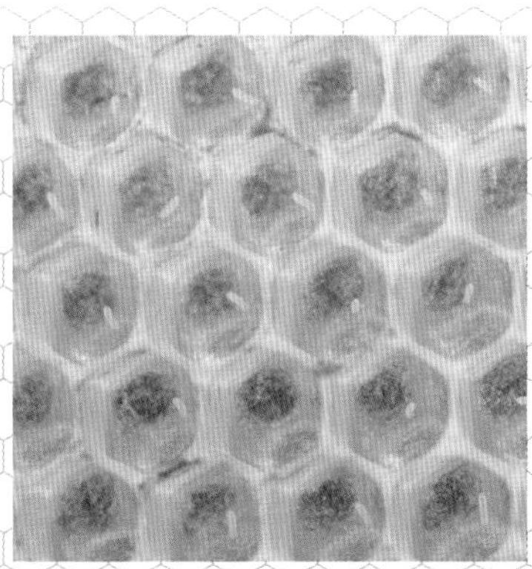

图 4–14　蜂王在巢房内产下的卵（李建科　摄）

（十五）雄蜂的活动和行为

雄蜂唯一的功能是与处女王进行巢外交配，在蜂群内不从事任何劳动。因此，养蜂者经常试图阻止雄蜂的生产，这样蜂群可以专注于幼虫的饲养和蜂蜜的储存。然而，雄蜂对于蜜蜂繁殖必不可少，并且在蜂群的自然史中扮演着不可或缺的角色。没有雄蜂，蜜蜂的雌性社会将不会存在。

雄蜂最常见的行为是在巢房内静坐，通常聚集成组。年幼的雄蜂通常聚集于巢中饲养幼虫的温暖区域，但随着年龄增长会移动到巢脾的边缘。工蜂和雄蜂的相互作用主要包括交哺和清洁，交哺是雄蜂年幼时期最常见的，通过工蜂的饲喂获得的蛋白质是雄蜂飞行肌肉发育和达到性成熟所必需的。随着雄蜂的成熟，工蜂的饲喂减少，雄蜂取食的大部分食物直接来自蜂蜜巢房。除了交哺和清洁，工蜂也会使用通信信号影响雄蜂的发育和行为，尤其是工蜂会对雄蜂发出振动信号。所有日龄的雄蜂都可以接受振动信号，但性成熟的雄蜂接受的振动频率较低[158]，雄蜂通过提高在巢房中移动速率和花费大量时间在接受工蜂的交哺和清洁行为上来响应工蜂的振动信号[159]。因为交哺行为提供了雄蜂发育所必需的蛋白质，工蜂可用信号来微调雄蜂接受到的照料，从而有助于蜂群的繁殖。工蜂的确会将振动信号指向发育较慢的雄蜂，这可以帮助它们获得更多所需照顾来解决发育缺陷[160]。执行在雄蜂身上的振动信号相对少见，其精确功能尚不了解。

雄蜂在两种情况下会从蜂巢中飞出。在下午的时间里，尚未性成熟的雄蜂进行定位飞行，持续 1 ～ 6 分钟，帮助雄蜂记住蜂巢位置。羽化 10 天后雄蜂性成熟，在天气允许情况下，每天下午雄蜂会进行 1 ～ 4 次飞行，一般飞到距离巢穴几千米远的雄蜂聚集区，与来自其他蜂群的雄蜂聚集在一起，并不断盘旋飞行长达 1 小时。雄蜂聚集区每年都会在同一个地方形成，蜂王感受到同样的环境信息飞到雄蜂聚集区，与雄蜂交配。然而，绝大多数雄蜂没有与蜂王交配的机会，往往年老死去。

蜂王自由飞行时，其交尾行为很难观察清楚。直到最近将蜂王悬吊处理后，限制其飞行范围和飞行高度，蜂王交尾的奥秘才被慢慢揭示。在蜂王释放的信息素的吸引下，雄蜂相互竞争，雄蜂敏锐的视觉能确保其准确找到蜂王。追赶上蜂王的第一只雄蜂，用六只腿紧紧抓住蜂王的腹部，头部贴在蜂王胸部，腹部向下弯曲接触到蜂王腹部末端。此时，如果蜂王打开螫针腔，雄蜂就会感受到，瞬间外翻阴茎并射精，然后松开蜂王，向后倾倒，但仍通过生殖器与蜂王相连。一两秒后，可以听到砰的一声，雄蜂生殖器断裂，雄蜂与蜂王分离，掉落到地面上，几分钟后死掉。紧随着雄蜂和蜂王的分离，第二只雄蜂采取同样的方式与蜂王交尾，唯一不同的是，它的生殖器必须移走上一只雄蜂留下的壳质化的黏团，才能进行交尾。蜂王进行多次交尾，过程很快，每只雄蜂只需要 3 秒就能完成。交尾结束后蜂王返回蜂巢，在巢口处能观察到蜂王腹部末端存在交尾的痕迹，见图 4–15。

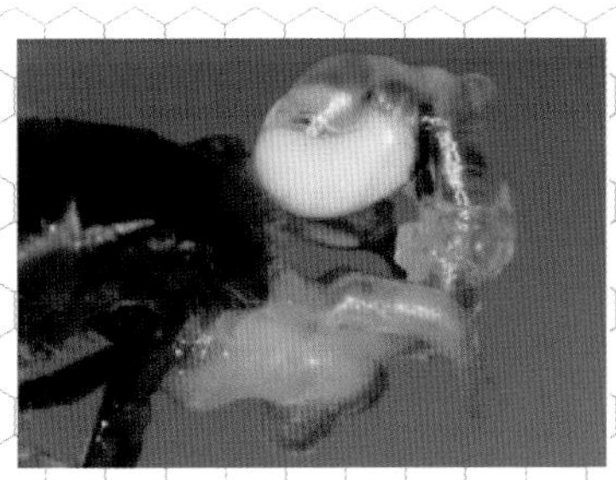

A

B

图 4–15　交尾后的雄蜂外生殖器（A）和交尾场景（B）

一直以来，人们认为蜂王只和一只雄蜂交尾，直到科学家测定了婚飞返回的蜂王体内的精液体积远远超过了一只雄蜂所能提供的数量时，才证实这种观点是错误的。将蜂王用细线悬吊在空中飞行时，能观察到它会快速和多个雄蜂交尾。雄蜂交尾行为只是一种机械反应，当把一个体表涂有蜂王性信息素的木制蜂王模型悬吊在空中，并使该模型尾部具有和真实处女蜂王同样大小的蜇针腔时，雄蜂也会和它交尾。总的来说，每只雄蜂只需要 3 秒就能完成交尾过程，这或许是地球上所有物种中最快的，而蜂王也许是最具有滥交行为的物种，它能在一两分钟内和多达 15 只雄蜂完成交尾。

一个蜂群每年可产生几千只雄蜂，只有一部分可以成功与处女王交配。在秋天仍然活着的雄蜂会被工蜂赶出蜂群，见图 4–16。因此它们会死于饥饿、暴露在外或是被捕食，这样会减少冬季蜂蜜资源的消耗并且提高了足够数量工蜂生存的机会，以便蜂群在冬末开始幼虫饲养的劳动[8]。

图 4–16　蜂巢内工蜂驱逐雄蜂（李建科　摄）

专题五

蜜蜂信息素

蜜蜂信息素是其维持社会性的主要物质，包括蜂王信息素、工蜂信息素和幼虫信息素等。它们成分复杂，引起的行为多样，而且很多成分是协同调控个体或种群行为。本专题将详细讨论蜂王信息素和工蜂信息素的成分和功能，同时也会简单介绍当前关于神经系统对信息素信号的识别和处理过程的研究内容，希望增加读者对蜜蜂通过信息素管理种群以及信息素神经信号转导等方面的了解。

一、信息素简述

蜜蜂是一种群居的社会性昆虫，一般由一只强繁殖能力的蜂王和成千上万的工蜂组成，在繁殖季节还会存在少数雄蜂。蜂群中所有个体的活动和行为都是为了确保整个种群的生产、繁殖和健康生活。那么，蜜蜂如何管理如此庞大的群体呢？化学通信是其调节蜂群（个体或整体）活动的主要方式。蜂王通过信息素介导的通信行为维持自身在蜂群中的地位，同时还能刺激工蜂发育、建巢、哺育幼虫、采集，组织蜂群抵抗盗蜂、捕食、寄生虫，促进婚飞繁殖，等等。目前，已经鉴定出了多种蜜蜂信息素，它们就像是蜜蜂的语言，行使的功能让养蜂人和蜜蜂研究者惊奇不已。随着高灵敏的化学分析技术和复杂行为学实验的发展以及新的基因组资源的开发，人们不仅可以鉴定更多的信息素成分，而且可以研究它们在化学通信中的传递途径和响应机制。

信息素（也称外激素）指的是由一个个体分泌到体外，被同物种的其他个体通过嗅觉器官（如昆虫触角）察觉，使后者表现出某种行为或生理机制变化的化学物质[161]。研究者通常认为信息素只能通过快速响应引起个体行为变化，而最新研究表明，信息素还可以引起蜜蜂脑部一些基因表达量的变化，这就说明信息素可以引起神经生理学变化[162]。根据上述作用机制不同，信息素可分为释放信息素和引发信息素，前者通过神经系统能促使同伴或异性产生立即快速的行为改变，后者则是属于较长期的作用（数小时甚至几天），先改变生理进而影响到行为，一种信息素可以同时通过这两种方式发挥作用，具体要根据作用机制和结果进行判断[153]。随着研究的不断深入，人们对信息素的认识也不断变化。传统意义上的信息素是指一些能引起简单、物种固有反应的单一化学物质。后来研究发现，能引起或刺激诸如交配、种内识别和建立种群地位等的信息素都是多种化学物质的混合物。

蜂王信息素和工蜂信息素

①蜜蜂种内和种间信息交流繁杂，人们所认知的信息素只是其中的一部分，还有很多信息素不为人们所知，所以信息素引起的蜜蜂行为还很难解释。

②信息素的分泌和对应的响应机制存在个体差异，受到个体遗传背景、发育阶段，甚至是环境变化的影响，这些变化对蜂群的组织管理影响很大。例如，蜂王信息素成分变化可以反映蜂王的品质（健康状况）和繁殖力，蜂群中部分工蜂对这种变化的响应可以反馈种群的大小以及某种类型工蜂（比如哺育蜂）的多少。

③不同的信息素可以调节相似的行为变化，但是目前人们尚不知道这些信息素变化是否由相同因素引起，也不知道它们的作用机制和分子传递途径是否相同。所有这些问题都有待科学家深入研究。

蜜蜂身体不同部位腺体分布见图 5-1。

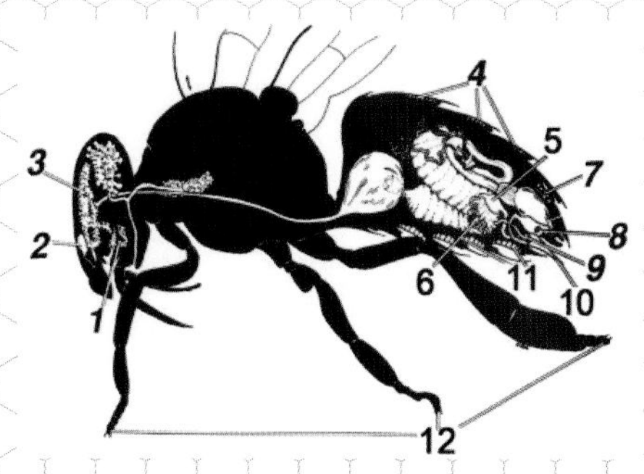

图 5-1　蜜蜂身体不同部位腺体分布（引自 Michener）

1. 后颊腺　2. 上颚腺　3. 咽下腺　4. 背板腺　5. 蜂毒储存部位　6. 毒腺

7. 那氏腺　8. 科氏腺　9. 杜氏腺　10. 蜇针及相关结构　11. 泌蜡腺　12. 睑板腺

二、信息素感知神经生物学

信息素是一种典型的依靠化学感受系统识别的物质。昆虫通过触角、下颚须、下唇须和足等器官中的受体神经元感受化学信号，一般情况，研究人员认为触角中嗅觉神经元感受挥发性的气味分子，下颚须、下唇须和足中的味觉神经元感受味觉物质。与味觉感受器不一样，气味分子具有挥发性，所以嗅觉感受器具有远距离感受的功能。

蜜蜂触角上分布着很多嗅觉感受器，常见的有毛形感器、板形感器和孔形感器，由于触角外的角质层具有不透性，所以气味分子只能通过这些感器上的小孔进入触角。角质层下面分布着嗅觉神经元、毛原细胞和支持细胞，其中支持细胞不仅维持了各种感受器的基本结构，而且还可以分泌一些低分子量转运蛋白，包括气味结合蛋白（OBPs）和信息素结合蛋白（PBPs），它们可以转运气味分子通过淋巴液到达嗅觉神经元[163]。

昆虫嗅觉神经元特异性表达一类蛋白叫嗅觉受体（ORs），比如果蝇中的Or83b，而且每一个神经元细胞只表达一种OR，结构分析显示，和大部分跨膜蛋白类似，ORs也是七次跨膜蛋白。以前人们认为，昆虫嗅觉受体和脊椎动物的G蛋白偶联受体类似，通过激活环腺苷酸（cAMP）和下游的磷酸化途径发挥功能。最新研究表明：包括Or83b在内的嗅觉受体复合物其实是配体门离子通道，气味分子通过与ORs结合决定打开或关闭通道[164]。

嗅觉神经元细胞有胞体和突起构成，突起又分为轴突和树突。神经元的轴突可延伸至触角神经叶（嗅神经叶），末梢经过多次分支，最后每一小支的末端膨大呈杯状或球状，叫作嗅小球。两个神经元之间或神经元与效应器细胞之间相互接触形成突触，并借以传递信息。信息最终传递至高级神经区域——侧角和蘑菇体，这是蜜蜂学习、记忆和信息处理中心。嗅觉受体可以被多种化学物质激活，每一种化学物质也可以结合刺激多个嗅小球。外界信号分子虽多种多样，但并不是所有化学物质都能引起刺激，只有经过选择的信号分子才能传递到高级神经区域促使蜜蜂做出行为和生理反应。

信息素的差异也导致它们对应的受体不同。与普通嗅觉受体相比，性信息素受体专门负责处理特定的一类化学物质，也就是专门结合性信息素。为了提高对这类信息物质的灵敏性，神经元往往需要大量表达相关的受体。对蜜蜂基因组分析发现，蜜蜂总共编码170个嗅觉受体基因（其中包含7个假基因）和10个味觉受体基因[165]。到目前为止，只有意大利蜜蜂嗅觉受体11（AmOr11）得到了广泛深入的研究，即证明AmOr11是9-ODA的受体[166]。9-ODA是蜂王信息素的主要活性成分，蜂王通过9-ODA管理工蜂，处女王也通过其来吸引雄蜂进行交配。进一步研究发现，相比工蜂，雄蜂触角对 9-ODA 反应更加灵敏[167]，推测可能是因为雄蜂板形感受器数量（15 000 ～ 16 000）比工蜂（2 700）多[168]。当时为了确定 9-ODA 的特异性受体，研究人员对板形感器上的嗅觉受体表达量进行了分析，找到了 4 个在雄蜂中高量表达的受体基因，体外实验证明这四个基因编码的蛋白只有 AmOr11 对 9-ODA 产生反应，最终确定了两者的识别关系。目前尚没有关于其他受体对蜂王信息素高灵敏或者特异识别的相关研究。

在信息素识别过程中，除了 AmOr11，研究人员发现触角中的触角特异性蛋白 1（ASP1）和触角特异性蛋白 3c（ASP3c）也发挥了重要作用，其中 ASP1 是普通气味结合蛋白，ASP3c 属于化学感受蛋白[169，170]。体外实验表明，ASP1 能特异性结合 9-ODA 和 9-HDA，而 ASP3c 能特异性结合蜜蜂幼虫信息素。

钙成像技术是一种采用钙离子荧光探针对细胞内钙离子等信使物质进行定量测定来研究细胞分泌活动的重要技术手段。利用钙成像技术可以分析气味分子在蜜蜂大脑特别是嗅神经叶中引起的神经传导过程。研究者已经根据该技术获得工蜂报警信息素的响应机制[171]和雄蜂对蜂王信息素的反应过程[172]。比如，在蜂王信息素刺激时，雄蜂嗅小球会明显增大，而且已经证明上颚腺的某些区域会响应 9-ODA 的变化，但它对其他 5 种主要蜂王信息素成分的刺激不做出反应[173]。另外 2 种蜂王信息素香草醇（HVA）和对羟基苯甲酸甲酯（HOB）也可以引起嗅小球的变化，但是 HVA 在处女王中不表达，HOB 在处女王中也只是低丰度[49]，所以两者不可能与蜜蜂交配相关，具体功能需要进一步研究。目前，工蜂嗅小球对蜂王信息素的反应或生理变化还没有相关研究。由于钙成像技术只能研究嗅神经叶表面的嗅小球变化，反应的只是小部分嗅小球对信息素的响应过程。为了更详尽地获得嗅觉系统对信息素的响应机制，还需要利用激光共聚焦等更加先进的技术获得触角内部更深层次的变化。

此外，信息素也可能透过感受系统直接作用于中央神经系统。对 HVA 研究发现，它的分子结构和多巴胺类似，可以直接激活蜜蜂大脑中多巴胺受体[86, 154]。用 HVA 处理成年蜜蜂，其多巴胺含量明显降低。在蜜蜂“随行”过程中，HVA 也起一定作用，HVA 可以促使工蜂伴随和“舔”“触”蜂王[174]。所以，HVA 可以不经过感受系统直接作用于蜜蜂大脑，改变生物胺类含量发挥生理作用。

综上所述，研究者对信息素作用机制做了大量工作，其中主要研究集中在对性信息素的研究。性信息素可以使蜂群保持稳定，在蜂王和工蜂之间以及工蜂和工蜂之间的信息交流中起到重要作用。9-ODA 是一种重要的蜂王性信息素成分，它在蜂群中扮演重要角色，它是维持蜂蜜作为一种社会性昆虫的基本化学物质。以下将详细介绍蜂王信息素、工蜂信息素、幼虫信息素等内容。

三、蜂王信息素

在蜂群内，蜂王通过分泌信息物质管理蜂群和工蜂行为，同时还能调节工蜂的发育、繁殖力，抑制蜂群培育新蜂王等，这种信息物质叫作蜂王信息素。蜂王信息素是多种化学物质组成的混合物，由上颚腺（下颌腺）、背板腺和杜氏腺等腺体共同分泌。尽管蜂王信息素是科学研究的重点，而且也获得很多研究成果，但是研究人员普遍认为，目前人们所认知的蜂王信息素还只是其中很少的一部分，很多蜂王信息素成分和功能还不为人们所知。因为单一信息素成分和信息素混合物都能刺激工蜂做出反应，而且有些信息素的作用相似，这就导致很难分析分离蜂王信息素中的活性成分或者把这些活性成分与功能一一对应。但是有一点可以肯定，信息素单一成分可以引起蜜蜂反应，只有信息素混合物才能使蜜蜂对某一刺激做出完整的响应行为。不仅组分变化（有或无）可以引起行为差异，蜂王信息素中各成分比例变化（多或少）也代表了不同的信号。在今后，工蜂对蜂王信息素变化的响应机制应该是科研工作者研究的重点。

（一）蜂王上颚腺信息素

前面已经提到，蜂王中最先鉴定的蜂王信息素是 9-ODA、顺 -9-HDA 和反 9-HDA，它们都是由上颚腺合成分泌。后来，科学家又发现了上颚腺分泌的另外两种成分：HOB 和 HVA。这 5 种化学物质组成的混合物被称为蜂王上颚腺信息素（QMP）。2003 年，研究者又发现了另外 4 种成分：松柏醇（CA）、油酸甲酯、鲸蜡醇、亚麻酸，其中只有 CA 是上颚腺合成[175]。上述 9 种物质合称为蜂王随行信息素（QRP）。体外实验证明这 9 种物质的混合物可以吸引工蜂伴随和抑制工蜂卵巢发育，但是作用没有蜂王直接作用强[176]，这就说明还有其他蜂王信息素没有被鉴定出来，而且它们在上述蜜蜂行为中也发挥作用。

蜂王合成分泌上颚腺信息素的产量直接与蜂王的生殖状态相关，也与蜂王的基因型和年龄有关，也就是说蜂王在生产信息素方面存在个体和种的差异[177，178]。例如，Slessor 等人[177]发现，欧洲蜜蜂新发育的处女王不合成 QMP，随着日龄的增加，开始合成 9–ODA、9–HDA 和少量 HOB，其中 9–ODA 增加迅速。蜂王交配产卵后，9–HDA 和 HOB 会快速增加，最终 9–HDA 可达 100 毫克，HOB 可达 15 毫克，同时还会产生 HVA（含量从开始的 0.07 毫克增加到 2 毫克）。Engels 等人[179]等研究发现交配后 9–ODA 增加，当产卵后 9–HDA、HOB 和 HVA 才会明显增加。Wossler 等[178]对海角蜂蜂王研究发现，随着日龄增加，9–ODA 会持续增加，但是交配后蜂王信息素中不再合成 9–ODA。所有这些实验都表明蜂王信息素是个动态变化过程。

综上所述，蜂王上颚腺信息素在吸引雄蜂交配和调节管理工蜂方面发挥重要作用，但是信息素中的成分会随着日龄变化而改变。总的来说，9–ODA 在处女王和产卵王中含量较高，9–HDA 和 HOB 能促进雄蜂与蜂王交配[180]，HVA 明显与蜂王产卵有关。需要说明的是，蜂王上颚腺合成分泌 100 多种物质[179]，其中大部分物质的功能都还不清楚，即使不考虑 QMP 这 5 种物质含量的变化，其他几十种化学物质随机构成的混合物的功能也各不相同，这又增加了研究蜂王信息素功能的难度。处女王交配后，上颚腺中油酸含量降低[178]，背板腺中油酸含量升高[181]，说明油酸可能也是一种信息素成分。

蜂王合成分泌 QMP 与保持自身繁殖地位密切相关，繁殖能力越强的蜂王合成分泌 QMP 能力就越强，但是 QMP 影响繁殖力的具体机制还需要进一步研究。这方面研究存在争论，有学者认为蜂王依靠分泌信息素抑制工蜂卵巢发育和抑制工蜂培育新蜂王；其他学者认为信息素是一种忠诚信号，工蜂通过蜂王信息素判断蜂王的繁殖能力和健康状况，以此决定自身的行为[182]。如果是后者，那么蜂王信息素含量会随着生殖能力减弱而降低，即年轻蜂王生产信息素的能力比老蜂王更强，但很多实验结果并不支持这个结论。例如，Pankiw 等[183]研究发现未交配的处女王合成分泌 QMP 的能力却比老蜂王低。Al-Qarni 等[184]研究发现人工授精的蜂王分泌 9-ODA 的能力比同日龄自然受精蜂王弱，但是人工授精蜂王合成研究发现未交配的处女王合成分泌 QMP 的能力却比老蜂王低。Al-Qarni 等[184]研究发现人工授精的蜂王分泌 9-ODA 的能力比同日龄自然授精蜂王弱，但是人工授精蜂王合成油酸能力较强。相比同日龄交配蜂王，未交配蜂王合成 9-ODA 能力弱，合成 9-HDA 能力强[185]。所以说，把蜂王信息素作为忠诚信号的学说还有待探究。但是不管如何，繁殖能力强的蜂王卵巢活性高，它分泌并作用于工蜂的活性物质更多[186]。此外，用不同体积的精液对蜂王进行人工授精，结果蜂王会产生不同的化学成分，但 5 种 QMP 成分比例相差不大[149]。总的来说，不同繁殖能力的蜂王中 QMP 成分基本没有差异，因为它是重要的蜂王信号物质，对种群十分重要，只是不同状态下的蜂王上颚腺分泌的其他成分会存在差异。蜂箱内工蜂的随行现象见图 5-2。

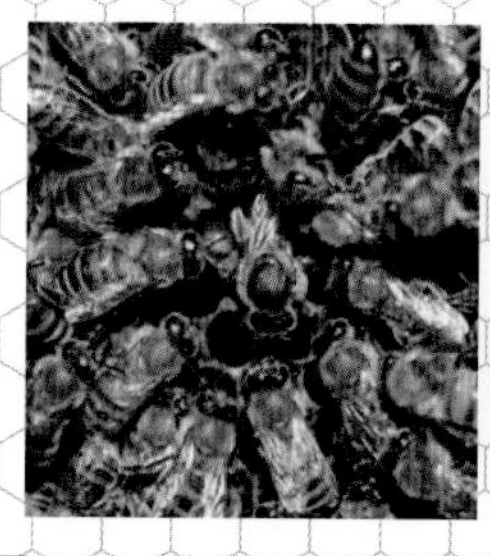

图 5-2　蜂箱内工蜂的随行蜂王现象（李建科　摄）

其实，除了蜂王，工蜂上颚腺也能合成 9-ODA 和 9-HDA 两种重要的信息素组分，只是合成量远远低于蜂王上颚腺[187]。进一步研究表明，蜂王和工蜂上颚腺具有相似的物质合成途径，但是在氧化过程和合成步骤上有区别[188]。在蜂群"无王"的情况下，工蜂合成的蜂王信息素类似组分会明显增加[189]，目的就是为了维持蜂群的稳定。实验表明，移走蜂王后，工蜂卵巢抑制解除，卵巢开始发育，所有工蜂合成的蜂王信息素都会发生变化，信息素合成最多的工蜂将会成为新蜂王，并且开始出现繁殖能力[190，191]。

（二）蜂群对蜂王上颚腺信息素响应机制

对于工蜂来说，很多行为和生理反应都是被 QMP 诱发的，甚至是被 9-ODA 单独诱发的。最明显的就是 QMP 和 9-ODA 能引起工蜂的随行行为，促使工蜂伴随和"舔""触"蜂王[192]，而且随行行为可以把蜂王信息素带到更多地方，使蜂王的"信号"在整个蜂群中传播[152]。用放射性同位素标记 9-ODA、HOB 和 HVA，结果显示信息素只需 15 分钟就可传播到蜂箱各个角落[193]，而且传播过程中 3 种化学物质相互之间的比率基本恒定。更重要的是，研究人员已经在工蜂消化道中检测到这些标记的化学物质。

除了随行现象之外，QMP 还可以促进或引发工蜂其他的短期行为。比如，9-ODA、QMP 或者蜂王信息素提取物可以刺激哺育蜂采集花蜜[194]；QMP 可以刺激新组建蜂群的采集蜂采集花粉[195]；如果用 QMP 喷洒开花的农作物，采集蜂在这种花朵上停留更长时间，甚至会招募更多采集蜂前来采蜜[196]；QMP 可以促进新组建蜂群的工蜂建巢，但是不会增加工蜂分泌蜂蜡[197]；QMP 通过促进工蜂运动来降低工蜂死亡率[198]；QMP 和奈氏信息素混合使用可以促使工蜂婚飞，但是作用效果没有蜂王明显[199]，但加入 9-HDA 可以明显增强婚飞行为[200]。所有这些现象都说明 QMP 对蜂群行为具有指导作用。

当然，QMP 也会抑制工蜂的某些行为。在正常情况下，工蜂可以通过培育新王取代老王和丢失的蜂王，或者培育新王用来分蜂。如果在“无王”蜂群中加入高剂量的 QMP，可以明显延迟工蜂培育新王的行为[201]，但这种抑制作用只发生在蜂王培育的第一阶段，一旦有处女王出房，加入 QMP 只会使工蜂破坏王台和清除还没有出房的幼虫，而不会攻击新处女王[202]。值得注意的是，QMP 这种抑制工蜂培育新王行为只在移走蜂王前几天起作用，时间太长，工蜂还是会培育新王[194]，这就说明还有其他因素调节这个过程，其中最重要的一种就是幼虫信息素[203]。此外，9-ODA 单独也可以抑制工蜂培育新蜂王[204]。

前面提到，引发信息素的作用时间都比较长。QMP 也可以作为引发信息素方式发挥作用，会导致与上述大不相同的结果，即它减慢工蜂由哺育蜂发育为采集蜂[205]。把工蜂长时间暴露在 QMP 环境中，工蜂腹部脂质体增加[206]，荷尔蒙合成减少[205]，基因表达谱也更接近哺育蜂[85]，所有这些现象都说明 QMP 延缓工蜂发育。甚至 9-ODA 单独实验也能减少荷尔蒙合成[207]，改变工蜂脑部基因表达[208]。无王群的工蜂学习和记忆力都比较差，而且嗅神经叶中的嗅小球也发生变化[209]。

影响工蜂对信息素响应的因素

一是工蜂对蜂王信息素的响应能力存在遗传差异，即基因型不同的蜜蜂对信息素反应不同。最明显的现象就是所有工蜂都对 QMP 的刺激做出反应，但引起的随行行为有高有低，通过个体差异实验还可以鉴定潜在的 QRP 成分[175]。这种差异还表现在季节上，研究发现春季和夏季早期的工蜂对 QMP 响应能力更强，而且具有可继承性[210]。当然，蜜蜂种系之间的差异就更明显了。与东非蜂相比，海角蜂不会主动吸引蜂王，甚至排斥蜂王[211]。

二是工蜂生理状态也能调节自身对信息素的反应。一般情况，低日龄蜜蜂比高日龄蜜蜂更容易被蜂王或 QMP 吸引[212]，发育到采集蜂的时候甚至主动远离蜂王[213]，即使把蜂王关在王笼中固定在某一位置，这种现象依然存在。这就说明哺育蜂和采集蜂生理状态不同，它们对蜂王信息素的反应也不同。实验表明，人工增加荷尔蒙激素可以加快工蜂朝着采集蜂发育，此时环鸟苷酸（cGMP）增加，从生理和行为两方面降低工蜂对 QMP 的响应[212]。有学者认为这可能跟受体表达量有关，前面已经提到多巴胺受体可以结合 HVA，哺育蜂触角中多巴胺受体 3（AmDop3）比采集蜂高[213]。蜜蜂卵巢是一个重要的生殖器官，工蜂卵巢大小也影响它对 QMP 的反应，卵巢大的工蜂对 QMP 吸引反应弱[214]。因为卵巢大，生殖能力就比较强，当蜂群失王时，它可以马上取代蜂王的位置，而那些卵巢较小的工蜂活动受限于蜂王，在无王的时候只会“老老实实”去培育新王。在海角蜂中，工蜂可以产生和蜂王类似的信息素成分，这些物质使它们减少和蜂王的接触，当蜂群失王，它们马上可以恢复生殖能力，统治蜂群[215]。

三是蜂箱和外界环境也会影响工蜂对信息素的响应。实验结果显示：信息素释放响应机制和引发响应机制是分开作用的，它们信号途径不同[208]。以下两个实验可以证明上述结论，第一个实验是在筛选的“无政府主义”工蜂中重新引入蜂王，虽然它也会有随行行为，但是它的卵巢活性明显比普通未筛选工蜂高[216]，说明刺激工蜂随行和抑制工蜂卵巢发育的信号不是一个通路，而且卵巢发育是不可逆的。第二个实验是在蜂群中加入高量 QMP，可以增强工蜂对 QMP 的响应[213]，即使移走蜂王，工蜂对 QMP 的反应依然很强，因为此时工蜂触角中 AmDop3 表达量很高，短期内增强了工蜂对 QMP 的接受。

综上可知，蜂王信息素是由多种物质组成的化学混合物，它既是一种性信息素，促进蜂王和雄蜂交配繁殖，也是一种社会行为信息素，决定蜂王在整个蜂群中的地位。9-ODA 吸引雄蜂能力最强，电生理学实验表明 9-ODA 吸引雄蜂能力是其他上颚腺成分的 2 倍甚至更高[167]，这一点从雄蜂触角高表达 9-ODA 的受体 AmOR11 也可以得到佐证[166]。在处女王上颚腺中，9-ODA、9-HDA、HOB 和其他一些组分表达量都比较高。10-羟基葵烯酸（10-HDA）可以刺激雄蜂靠近假蜂王，但作用时间不会很长[180]。除了上颚腺，蜂王其他腺体分泌的化学物质也可以吸引雄蜂，只是作用距离较短，一般小于 30 厘米[217]。有意思的是，在人工组建的蜂群中，雄蜂并不被蜂王吸引，目前尚没有相关研究报道。

（三）杜氏腺信息素

杜氏腺为膜翅目雌性昆虫生殖器官中的一个外分泌腺体，外形呈囊腔状，内含丰富的油状分泌物。蜜蜂的杜氏腺位于腹部顶端，与蜜蜂螫刺功能相关。蜂王和工蜂都有杜氏腺，但是蜂王的杜氏腺比工蜂大很多，合成的物质产量大概是工蜂的12倍[218]。两者合成物质的成分也不相同，蜂王杜氏腺合成物质的种类更多，其中60%是酯类，工蜂杜氏腺主要合成23～31个碳原子的碳水化合物[218]。蜂王杜氏腺合成物质的成分是会发生变化的，未交配的处女王合成的酯类物质较多，而交配后碳水化合物的分泌会增加[219]。进一步研究发现，工蜂杜氏腺合成分泌的物质成分更容易发生变化。相比有王群和无王群的采集蜂，具有产卵能力的工蜂的杜氏腺合成物质显著增加，其中还包含蜂王合成的酯类成分[218]。对于卵巢发育情况是否影响杜氏腺合成物质的变化尚没有定论，有些学者认为卵巢活性高低对杜氏腺物质合成没有影响，因为比较产卵和不产卵的处女王杜氏腺分泌物，发现两者成分基本相似。但是也有学者认为卵巢激活对杜氏腺合成的物质有影响，卵巢活性高的蜜蜂杜氏腺会更活跃，而且合成的酯类比例也高[220]。但有一点可以确定，蜂王杜氏腺合成的信息素对工蜂的忠诚度有一定影响。

目前，人们对杜氏腺信息素的功能还不了解。Ratnieks[221]认为杜氏腺信息素与卵的标记有关，工蜂可以通过这种标记区分蜂王产的卵和工蜂产的卵，然后清除工蜂卵，这种行为被称为“工蜂警戒”[222]。但是后来研究发现，用提取的蜂王杜氏腺信息素标记工蜂卵并没降低工蜂的清除行为[223]。也有研究认为，杜氏腺信息素可以调节蜂王和工蜂或产卵工蜂和工蜂的关系，因为提取蜂王或产卵工蜂的杜氏腺信息素可以吸引工蜂并增加随行行为[224]。前文已经提到，蜂王和工蜂杜氏腺信息素成分有差异，而且失王后工蜂产生的杜氏腺信息素含有蜂王中的成分，所以在工蜂竞争蜂王位置的时候，杜氏腺信息素，特别是其中的酯类成分，可能发挥重要作用。

工蜂杜氏腺信息素中酯类成分的合成可以被蜂王分泌的非挥发性信息素信号或工蜂大脑产生的荷尔蒙因子调节。如果用双层网筛把工蜂和蜂王隔开，工蜂卵巢功能将会激活，杜氏腺合成的酯类也会增加，要是用一层网筛隔开或者工蜂和蜂王还能接触，那么工蜂的这种变化过程会减慢[225]。同样，把无王群中的工蜂再移到正常蜂群中，它的卵巢活性和杜氏腺酯类成分又会回到以前水平[226]。解剖杜氏腺进行体外实验，结果显示不同种系和级型分化的蜜蜂都可以合成酯类，但成分和产量会有差异[227]，说明这些酯类确实是在杜氏腺体中合成，只是体外会抑制部分酯类的合成，而且酯类合成变化不会影响碳水化合物的合成，说明酯类和碳水化合物合成途径不同。用蜂王大脑提取物或工蜂酯类合成增强提取物孵育工蜂杜氏腺，结果杜氏腺酯类合成增加，说明这些提取物中的因子可以刺激酯类合成过程[228]。

所以说，杜氏腺信息素化学成分与蜜蜂级型分化和发育状况密切相关，但是这些信息素在社会性、生理和分子水平上到底是如何调控和管理蜂群的还有待探究。对蜂王杜氏腺研究发现，授精数量不同的蜂王杜氏腺信息素成分明显不同[229]，所以蜂王杜氏腺信息素可以作为蜂王交配质量的指标。前文提到，只有在工蜂卵巢激活前期，它可以合成与蜂王类似的酯类物质，那么是否后期这些合成的酯类与其他信息素协同抑制卵巢活性还不得而知。此外，蜂王杜氏腺信息素如何调节工蜂行为，是否与抑制工蜂卵巢活性有关都需要进一步研究。

（四）背板腺信息素

背板腺位于蜂王腹部 2 ～ 6 节的背板上，年轻蜂王的背板腺发育很好，工蜂也有背板腺。蜂王背板腺可以产生信息素，通过释放和引发两种响应机制发挥作用。蜂王背板腺提取物可以促使工蜂的随行行为，抑制工蜂卵巢活性[230]，在短距离情况下吸引雄蜂进行交配[217]。当蜂群中出现多个处女王时，背板腺与处女王之间的斗争行为也密切相关[231]。

背板腺合成的物质主要是一些长链脂肪酸、长链酯类和不饱和碳水化合物[181]。不同种系或不同交配情况的蜜蜂背板腺合成分泌的物质也不同，但都会含有背板腺信息素主要成分油酸，蜂王背板腺信息素中还含有很多烯烃类物质，而且蜂王背板腺中油酸含量远高于工蜂。相比蜂王，处女王背板腺信息素还含有正癸酸酯和硬脂酸[181]。自然授精和人工授精相比，自然授精蜂王背板腺中油酸和另外 2 种酸含量明显高于人工授精的蜂王[184]，而且自然受精蜂王背板腺提取物吸引工蜂随行行为更强。

（五）排泄物信息素

在蜂群中，处女王排泄的粪便中会含有另外一种成分——邻乙酰苯胺[232]。当蜂箱中存在多个处女王时，邻乙酰苯胺在处女王“斗争夺权”

过程中发挥重要作用[233]。因为邻乙酰苯胺只存在于年轻处女王的粪便中，而日龄超过两周的处女王和工蜂中都没有，所以研究人员认为，这种信息素物质可以保护刚培育的处女王不被攻击，也可能是蜂群失王的一种信号，防止工蜂攻击。另外，蜂王粪便中也会含有一些酯类物质，可能与蜜蜂识别蜂巢相关[234]。

四、工蜂信息素

（一）油酸乙酯

目前，油酸乙酯是在工蜂中鉴定出的唯一一种通过引发途径发挥作用的信息素。与蜂王上颚腺信息素或幼虫信息素功能类似，油酸乙酯能够抑制工蜂的发育（主要是行为成熟）。因为蜂群中蜜蜂日龄分布可以影响工蜂的行为成熟。比如，日龄较大的采集蜂可以减缓低日龄蜜蜂的发育，甚至有些已经到了采集蜂日龄的工蜂也被禁止采集食物，这种现象与蜂群中是否缺少食物供应没有关系[80]。相比一层隔板，用两层隔板把采集蜂和哺育蜂隔开，哺育蜂发育得更快，在更早日龄时就释放荷尔蒙，成为采集蜂[81]。即使在没有蜂王和幼虫时，这种现象依然存在，说明确实是采集蜂分泌的物质导致这种结果的出现[235]。进一步实验表明，采集蜂提取物处理幼年蜜蜂，可以使其生理特征和行为更接近哺育蜂[236]。化学成分分析表明，油酸乙酯是在蜜蜂的嗉囊中合成的，采集蜂中含量比哺育蜂高，而且高浓度或低浓度油酸乙酯都有这种抑制工蜂成熟的作用[237]。另外一点比较有意思的是，哺育蜂提取物可以加速低日龄蜜蜂的成熟，所以工蜂体内还有其他引发信息素调节蜜蜂的成熟过程[236]。采集蜂和较大日龄工蜂的主要功能是采集和储存食物，但它们又是如何影响低日龄工蜂发育的还有待进一步研究。

油酸乙酯的合成和响应反应也是会发生变化的。实验表明，被蜜蜂微孢子虫感染的蜂群中，其油酸乙酯含量比普通采集蜂高，但是这反而加速了蜜蜂的行为成熟[238]。经过分析，研究人员认为微孢子虫感染后影响了信息素信号，即使油酸乙酯含量高也不会抑制工蜂发育。此外，蜜蜂基因型也能调节工蜂油酸乙酯含量变化[239]。

（二）那氏腺信息素

那氏腺，也叫臭腺，位于蜜蜂第 6 和第 7 背板处，它合成分泌的信息素被称为那氏腺信息素。那氏腺信息素主要包含 7 种萜类化合物：反- 柠檬醛、顺- 柠檬醛、橙花醇、香叶醇、橙花酸、龙牛儿酸、法尼醇[240]。那氏腺信息素在蜜蜂的许多活动中起引导和定向作用，作为一种强力的定向信号有利于工蜂确定巢位。反- 柠檬醛和龙牛儿酸能强烈吸引采集蜂到达标记的蜜源地，但是依然没有直接解剖的那氏腺对采集蜂的吸引能力强[241]，而且两种物质都可以刺激工蜂触角的电生理反应。另一种主要成分——香叶醇，它在那氏腺中的一些酶的作用下，最终可以转化为酸，即香叶醇→反 – 柠檬醛→龙牛儿酸[242]。用人工合成的那氏腺信息素喷洒农作物花朵，可以增加蜜蜂对这种花的采集，但是对雄蜂却不起作用[243]。那氏腺信息素也可以促进蜜蜂结团，在蜜蜂分蜂前，这类信息素可以使工蜂飞舞和聚集[244]。进一步研究发现，相比蜂王信息素的短距离作用，那氏腺信息素可以远距离吸引蜜蜂飞舞[245]。尽管那氏腺信息素很重要，但它触发蜜蜂离巢飞舞的机制还有待进一步研究。

（三）报警信息素

凡是饲养过蜜蜂或者研究过蜜蜂的人都知道，蜜蜂可以对入侵者做上“标记”，使更多蜜蜂找到攻击对象，这种标记物被称为报警信息素。蜂群防卫对整个蜂群十分重要，它可以防止捕食者和其他蜂群的蜜蜂盗取食物和幼虫，因此蜂群已经特化出一类功能专一的蜜蜂——守卫蜂，根据功能，又可细分为巢门守卫和出房攻击[246]。守卫巢门的蜜蜂数量很少，一般占整个蜂群的1%～2%[247]，负责在蜂巢门口警戒巡逻，以防止入侵者（主要指其他蜂巢的蜜蜂或小型入侵者）进入，也可以利用尾刺攻击小型入侵者，但如果入侵者个体较大，它们会飞到空中包围入侵者并通过腹部顶端释放报警信息素招募蜂群中的战斗蜜蜂出房攻击入侵者。基于实验观察和基因组比较分析发现，守卫蜂的行为和蜂群中其他蜜蜂明显不同[246]。一般情况，大部分蜜蜂只执行1～2天的巢门守卫工作（少部分除外），然后会发育成为采集蜂，而出房战斗的蜜蜂在日龄上会和采集蜂重叠，也就是说负责出房战斗的蜜蜂都是采集蜂。

工蜂对报警信息素响应灵敏，而且会做出一系列反应机制。用报警信息素处理一个物体（比如一个棉球），然后放在蜂箱附近，会刺激防卫蜂聚集在巢门口并用尾刺攻击，如果处理的是移动物体，这种反应更加强烈[248]。要是把一组蜜蜂关在笼子里，用信息素刺激，它们会出现运动增强、扇动翅膀、摆动腹部和暴露那氏腺等行为[249]，这些行为也会导致蜜蜂氧气消耗增加[250]。

报警信息素的分泌与蜜蜂蜇针密切相关，从被刺者身体上的蜇针或挤压蜜蜂身体上的蜇针都可以收集到报警信息素。工蜂蜇针由科氏腺、蜇针鞘、鬃膜等多个部位构成，而且行为学研究表明蜇针鞘和鬃膜都可以刺激工蜂的攻击行为[251]，所以它们在报警信息素释放时都会起作用。超微结构分析，除了鬃膜，工蜂的科氏腺和蜇针鞘都有外分泌功能[251]，所以研究者认为工蜂在科氏腺和蜇针鞘中分泌报警信息素，然后通过鬃膜向环境中扩散。

蜂针和相关的腺体分泌物中含有多种化学物质，最主要的成分是由蜂针部位的背板分泌的乙酸异戊酯（IPA），而且 IPA 行为学实验结果与上述报警信息素相同，能引起工蜂反应，但 IPA 作用效果没有工蜂蜇针的强，说明报警信息素中还有其他重要的化学成分[252]。对报警信息素进一步分析，研究者又找到另外一种重要成分——顺 -11- 十二碳烯 -1- 醇，它也是蜂针部位的背板分泌的[252]。用顺 -11- 十二碳烯 -1- 醇标记物体可以促使工蜂去移动，但对动态和静态物体反应没有区别，而且 IPA 和顺 -11- 十二碳烯 -1- 醇具有协同作用。对非洲蜜蜂和欧洲蜜蜂蜇针提取物比较发现，攻击力强的非洲蜜蜂中含有其特有的化学物质——3- 甲基 -2- 丁烯乙酸（3M2BA）[253]，3M2BA 在招募工蜂方面的作用与 IPA 相同。除了上述几种物质外，蜇针提取物中还有很多物质都有一定的效果，包括乙酸正丁酯（nBA）、异戊醇（IPAl）、乙酸正己酯（nHA）、乙酸正辛酯（nOA）、2- 壬醇（2-NL）、乙酸苄酯（BZA）、正丁醇、正己醇、乙酸 -2- 庚酯、2- 庚醇、正辛醇、2- 辛烯乙酸、乙酸 -2- 壬酯、乙酰氧基 -2- 辛烯等[254]。

另外，在工蜂上颚腺中分离的 2– 庚酮也具有招募工蜂攻击的作用[254]。到目前为止，科学家仍然不知道为什么报警信息素中化学成分如此复杂，一种解释是不同的化学物质可以引起不同的反应，也可能是不同物质引起的反应速度和作用时间不同。

工蜂报警信息素的成分是可以变动的，基因型和日龄都会影响报警信息素成分。正如上文所述，与欧洲蜜蜂相比，非洲蜜蜂报警信息素中含有特有的化合物。数量遗传学研究表明，有 8 个位点会影响报警信息素的差异[255]，而且这种差异是可以遗传的[256]。进一步分析发现，随着年龄的增加，如从哺育蜂到采集蜂，蜜蜂体内的 IPA 和 2– 庚酮的产量也会相应增加[257]。

报警信息素成分变化，蜜蜂对其响应机制也会变化，这种响应变化还受到基因型、身体和生理变化、蜂群蜂巢社会环境等的影响。对欧洲两个蜜蜂亚种比较就证明两者基因型差异导致它们对报警信息素响应差异[258]，而且欧洲蜜蜂和非洲蜜蜂的差异更明显。另有实验证明，欧洲蜜蜂和非洲蜜蜂这种工蜂攻击差异可以通过人为干涉或修饰，基因重组或者简单的种群组建都可以达到改变工蜂攻击行为[29]。外界环境变化，比如气温变化、相对湿度变化、气压变化，都会影响工蜂响应信息素差异[74]。蜂蜜蜂巢社会环境是另一个重要因素，不同基因型的蜜蜂放在一块儿，它们对报警信息素的响应比同一基因型的蜜蜂要强，甚至单独分开的蜜蜂对报警信息素没有反应[250]。当然，工蜂个体生理变化也会改变它们对信息素的响应。日龄较大的采集蜂响应能力比日龄低的蜜蜂要强，这可能是因为日龄大的蜜蜂其保幼激素水平升高，而保幼激素又和蜜蜂行为密切相关[257]。实验表明，日龄低的蜜蜂用荷尔蒙处理会使它们发育成采集蜂，它们对乙酸异戊酯的反应能力也变强。另外，研究者发现生物体内重要的氨类——5-羟色胺，可以降低蜜蜂对IPA的响应[259]。

最新研究已经揭示了报警信息素的作用机制，即包括IPA和2-庚酮在内的报警信息素物质通过神经类物质的信号通路引起下游的行为反应。比如对IPA实验结果显示，相比低浓度的IPA，高浓度IPA处理蜜蜂会降低它对电化学刺激的反应[260]，而烯丙羟吗啡酮是一种神经类物质信号通路的抑制剂，用它处理蜜蜂后会阻断高浓度IPA的作用[261]。IPA处理还会影响蜜蜂脑中数百个基因的表达[262]，这数百个基因中有非洲蜜蜂和欧洲蜜蜂共有的基因，也有它们各自差异的基因。这就说明攻击力强的蜜蜂（非洲蜜蜂或日龄较大的蜜蜂）和温和蜜蜂（欧洲蜜蜂或日龄较小的蜜蜂）的信号通路存在差异。基因型不同或发育阶段不同的蜜蜂与新陈代谢过程相关的基因表达水平也不同[262]，新陈代谢为蜜蜂飞行提供能量，而飞行能力又与攻击能力密切相关。所以IPA和2-庚酮可能通过影响新陈代谢过程发挥作用，但这一假说目前并未得到证实。

（四）蜜蜂巢伴识别

作为一种社会性昆虫，蜜蜂识别巢伴的本能对于种群管理十分重要，它们甚至能从亲缘关系很近的蜂群中认出和自己同巢的个体。但是，如果需要，它们也会和亲缘关系近的蜂群相互帮助来保卫种群和食物，亲缘关系越近，它们相互合作的可能性越大。前文所说的防御蜂的识别能力就很强，它们可以识别本巢个体让其进入蜂巢，攻击并赶走非本巢蜜蜂或入侵者[29]。

蜜蜂巢伴识别的能力是通过化学物质实现的，成年蜜蜂会产生一种气味混合物，所有蜜蜂都能快速识别和接受这种气味物质[29]。类似人类的指纹，这种气味混合物具有种群特异性，虽然气味混合物不是信息素，但是不同蜂群之间气味混合物成分或相同物质的比例都存在差异，差异引起的行为反应也不同，这就是本巢蜜蜂必须学会识别这些“信号”的原因。因此，研究人员也把这种混合物称为“信号混合物”[263]。

这些信号混合物分布于工蜂体表，主要成分是各种碳水化合物，小部分是脂肪酸和酯类，也包含一些蜂蜡和蜂王粪便中发现的一些物质，而且这些物质起重要作用。基因型、个体生理状态、蜂群生活环境都会影响体表化学物质的成分。在实验室培养不同基因型的蜜蜂发现，它们的体表碳氢化合物（CHCs）不同，而且它们只能识别来自相同蜂群培养的蜜蜂。蜜蜂在不同发育阶段（比如哺育蜂和采集蜂）或不同生理状态（比如外界刺激和普通环境）时其体表碳氢化合物也不同，这种不同甚至引起同巢个体间的相互攻击。蜂群生活环境也是调节 CHCs 的主要因素之一，具有相同遗传背景的蜜蜂放在不同环境中培养，结果它们的 CHCs 不同[264]。在实验室培养 30 分钟后，蜂群就不把这些培养蜜蜂作为巢伴，这是因为蜂蜡中的成分对于建立蜂群这种“气味模型”至关重要。此外，蜜蜂社会环境（比如有无蜂王）也会影响 CHCs 的成分，进而调节工蜂行为，研究者认为实验室培养的蜜蜂和蜂巢中生长的蜜蜂不同是因为它们没有受到蜂王信息素的影响[264]。

由于一般蜂王都和多个雄蜂交配，所以在一个蜂群内会同时存在多种遗传背景的工蜂。按照上述的亲缘选择理论，相比基因型不同的蜜蜂（即同母异父），具有相同遗传背景的蜜蜂（也就是同父同母）之间更有可能相互帮助，因为这些相同遗传背景的个体 CHCs 更相似，它们之间更容易相互识别。实验表明，在实验室培养蜜蜂时，工蜂偏向于饲喂和自己具有相同遗传背景的幼虫[215]，但实验室条件和蜂箱的环境还是有差异的，这个结论并没有在自然蜂箱中观察到[265]，所以上述的亲缘选择理论需要进一步验证。

综上所述，信号混合物中各种化合物的种类、浓度和占比的不同都直接决定了巢伴识别能力，任何一种物质的变化（缺失或浓度改变）都会改变蜜蜂的识别行为[266]。通过氢氧化钠水溶液漂洗去除采集蜂体表的 CHCs 后，可以让其他蜂巢的蜜蜂接受这些处理后的蜜蜂[267]，这就表明蜜蜂体表的各种化学物质对种群识别相当重要。前文提到，CHCs 的主要成分是一些直链的烯烃类物质，但就是这些简单的物质让蜜蜂能快速地学习并具有了识别巢伴的能力[268]。CHCs 在巢伴识别上的重要作用已经得到研究者的普遍认可，但是它们对蜂群管理的作用目前还不得而知。随着新的实验技术和遗传标记方法的发展，希望研究者能探究清楚同一蜂巢内不同遗传背景的蜜蜂之间是如何利用 CHCs 来发挥作用的以及蜂群疾病传播的过程。

五、幼虫信息素

在整个蜂群中，幼虫占比的数量相当得多，但它们没有独自生存的能力（不能觅食），需要成年蜜蜂（哺育蜂）的哺育，幼虫和哺育蜂之间的交流也是通过信息素实现的[269]。西方蜜蜂幼虫通过唾液腺分泌的幼虫信息素（BEP）促使哺育蜂的哺育行为，幼虫信息素主要是 10 种酯类物质，也包含一些挥发性成分 [87]。幼虫信息素可以通过释放和引发两条途径发挥作用，调节成年蜜蜂的行为和生理变化，其中主要影响哺育蜂和采集蜂，而且是通过不同的神经通路发挥作用。当然，和其他信息素类似，幼虫的基因型、发育阶段、生理状态、营养水平和疾病等都会导致幼虫信息素成分的变化。研究表明，随着幼虫的发育，它们产生的信息素可以改变工蜂的行为和生理变化 [270，271]。对有幼虫和没有幼虫的蜂群比较发现，有幼虫的蜂群工蜂采集花粉的能力更强，因为花粉中富含高蛋白，幼虫信息素可以刺激工蜂利用花粉在咽下腺中合成蛋白，而咽下腺合成的蛋白又是幼虫食物的主要来源，如果没有幼虫，工蜂合成蛋白的水平明显下降。同时，幼虫的信息素还能抑制工蜂卵巢的发育。

BEP 的主要成分是 10 种酯类物质，包括棕榈酸甲酯、油酸甲酯、硬脂酸甲酯、亚油酸甲酯、亚麻酸甲酯、棕榈酸乙酯、油酸乙酯、硬脂酸乙酯、亚油酸乙酯、亚麻酸乙酯。进一步研究发现，单一或组合的脂肪酸酯对工蜂行为发育和改变与幼虫直接影响明显不同 [87, 272]，说明还有其他化学物质发挥作用。工蜂、雄蜂和蜂王三者的幼虫信息素不同，甚至不同日龄的幼虫的信息素成分也不用，当然它们功能也不同。最开始研究幼虫信息素时是发现它对哺育蜂行为的影响，因为日龄较低的幼虫可以促使无王蜂群的工蜂构建王台，然后工蜂会在选择合适的幼虫培育成蜂王，但是大日龄的幼虫信息素只能促使工蜂封盖 [272]。对雄蜂幼虫研究发现，如果封盖前有瓦螨寄生，会导致其幼虫信息素含量增加 [273]。体外实验表明，10 种信息素混合物的作用效果比单一某一种化合物要好，而且不同配比幼虫信息素作用也不同，如棕榈酸甲酯、油酸甲酯、亚油酸甲酯、亚麻酸甲酯配比可以诱导工蜂封盖幼虫巢房行为[87]，硬脂酸甲酯能促进工蜂对新蜂王幼虫的接受[274]，亚油酸甲酯促进工蜂的饲喂蜂王浆行为，棕榈酸甲酯可以增加幼虫的体重[275]。

目前对幼虫信息素研究较多的是它对工蜂采集花粉行为的促进作用。如果把蜂群暴露在 BEP 下 1 小时，能明显增加它们采集花粉的能力，但暴露时间太久促进采粉效果也就不明显了，而且从日龄较大的蛹中分离的 BEP 对促进工蜂采粉的效果更强[276]。BEP 对采粉蜂影响明显，具体说就是降低工蜂采粉距离，增加工蜂采粉团的大小和对优势农作物的采粉力度，但对采蜜蜂影响并不大[277]。

如果在提取 BEP 下暴露时间过长，比如几天或者几周，则它会通过引发途径发挥作用，即 BEP 会影响整个蜂群的组织管理。比如，人工分离 BEP 中的棕榈酸乙酯和亚油酸甲酯抑制工蜂的卵巢发育[90]，油酸乙酯和棕榈酸甲酯促进工蜂咽下腺的发育和蛋白合成[278]。在蜂群中加入一定量的 BEP 可以减缓工蜂的发育速度，使它们停留在哺育蜂的时间更长[279]。因为高含量的保幼激素与蜜蜂成熟密切相关，所以上述处理也会降低工蜂体内保幼激素的含量。值得一提的是，直接用幼虫信息素刺激工蜂却会刺激它们发育成采集蜂[279]。这就说明 BEP 可以促进也可以抑制工蜂的发育，是促进还是抑制主要是依赖工蜂个体生理状态的不同[150]，但这一理论还没有得到验证。而且日龄较小幼虫和日龄较大幼虫的信息素对工蜂行为发育作用的效果完全相反[92]。此外，浓度也会影响工蜂发育变化，低浓度 BEP 处理可以促进工蜂发育成采集蜂，而高浓度 BEP 处理可以使工蜂停留在哺育蜂状态[276]。

除了影响工蜂的行为成熟外，BEP 也在一定程度上影响到整个蜂群的扩大和繁殖能力。蜂王信息素可以抑制工蜂培育新蜂王，如果有幼虫信息素存在，两者可以协同作用，这个抑制效果更强[203]。如果在蜜蜂繁殖期用 BEP 处理蜂群，蜂群的产卵量会明显增加，同时会促进哺育蜂发育成采集蜂，增加咽下腺蛋白含量，调节哺育蜂和采集蜂生理变化等[280]。归结到一点，BEP 促进花粉收集的最终目的还是促进花粉的消费，饲喂蜂王，增加蜂群的产卵量，饲喂幼虫，促进幼虫发育，目的就是扩大整个蜂群[281，282]。

有研究表明，基因型也是决定幼虫信息素成分和响应机制的主要因素之一。相比欧洲蜜蜂，非洲蜜蜂幼虫信息素抑制卵巢发育的能力比较弱[89]，而且在失王后欧洲蜜蜂幼虫和非洲蜜蜂幼虫对工蜂卵巢抑制能力都减弱，但非洲蜜蜂工蜂卵巢激活速度更快。这也从侧面说明了在无王蜂群中幼虫信息素的作用变弱，甚至幼虫信息素成分已经发生变化（某些潜在活性成分减少）[283]。

那么 BEP 是如何调节工蜂行为和生理方面各种变化的呢？科学家认为 BEP 通过不同的神经信号通路影响哺育蜂和采集蜂。章鱼胺是一种重要的生物胺类，它和工蜂采集行为密切相关，用章鱼胺处理后能促进采集蜂的采粉行为，但对哺育蜂封盖行为没有影响[284]，这就说明 BEP 对两种蜜蜂的作用机制不同。利用基因芯片技术分析发现，BEP 发挥作用过程中蜜蜂大脑中几百个基因参与其中，而且低日龄蜜蜂高表达的都是与哺育蜂行为相关的基因，高日龄蜜蜂高表达的都是与采集蜂行为相关的基因，这进一步说明 BEP 在哺育蜂和采集蜂中引起的生理和行为反应不同，只要有 BEP 存在，它就会调节蜜蜂体内参与新陈代谢及和 BEP 响应相关的基因表达量的变化 [285]。

通过对神经系统研究发现，BEP 之所以能引起哺育蜂和采集蜂不同的神经生理反应，是因为哺育蜂和采集蜂使用不同的受体和神经网络传递系统来接收和响应 BEP 信号的刺激，然后这些微小差异在信号传递过程中一步步级联放大，最终引起哺育蜂和采集蜂下游行为的明显不同 [286]。举个简单的例子，工蜂清理巢穴行为对其抵抗幼虫疾病和病原菌十分重要，虽然人们还不知道它的作用机制，但是人们知道患病幼虫和健康幼虫个体 BEP 的微小差异直接决定了工蜂是清除还是哺育这些幼虫个体 [287]。

六、病原与宿主互作的化学介导

如前所述，激素对蜜蜂种群十分重要，种群内部个体通过信息素相互作用，种群之间个体通过种间激素发挥作用。但是不仅仅蜜蜂可以利用这些激素进行交流，它们的寄生虫也可以通过这些化学信号来定位宿主，其中主要的 2 种寄生虫就是蜂箱小甲虫和狄斯瓦螨。

（一）蜂箱小甲虫

蜂箱小甲虫的原始宿主是非洲蜜蜂，起源于非洲撒哈拉沙漠以南地区，原本只是蜜蜂寄生虫中很小的一类，并不会对蜂群造成严重危害，因为非洲蜜蜂具有较强的清理、迁移和攻击行为。20 世纪 90 年代后，蜂箱小甲虫传播到美国，人们发现它能对欧洲蜜蜂造成严重危害，这是由于欧洲蜜蜂与抗蜂箱小甲虫相关行为的能力比较弱。蜂箱小甲虫一般都把卵产在土里，等到发育到成虫后再寄生到附近的蜂箱中。那它们是如何找到和定位宿主蜂箱的呢？研究表明蜂箱小甲虫可以探测到花粉、蜂蜡和成年蜜蜂分泌的挥发物质，具体说就是蜂箱小甲虫可以察觉到工蜂报警信息素中的主要成分——乙酸异戊酯（IPA）[288]。更有趣的是，这些甲虫自身携带酵母菌，等它进入蜂箱后会把酵母菌接种到花粉上，酵母菌利用花粉产生更多的 IPA，这就会吸引更多的蜂箱小甲虫，因为足够多的蜂箱小甲虫才能够抵抗蜜蜂的清理行为，最终能够定居于此、自由繁殖。鉴于这个习性，目前很多养蜂人都利用IPA来引诱和消灭蜂场附近的蜂箱小甲虫[289]。事实上，到目前为止还没有根治蜂箱小甲虫的方法。养蜂者唯一能做的事，就是经常检查蜂箱，如果发现有蜂箱小甲虫幼虫，便只能用杀虫剂对付。预防是防止蜂箱小甲虫感染的首选方法。改造蜂群的周围环境，维持强群，将蜂箱放在厚黏土上，让蜂箱小甲虫不能存活和繁殖，这些都是经济而可行的方法。当然，IPA 并不是唯一一种吸引蜂箱小甲虫的化学物质，因为实验显示活体蜜蜂对蜂箱小甲虫的吸引力要比 IPA 强很多[290]，这就说明还有其他化学物质在蜂箱小甲虫探测定居点方面发挥重要作用。

（二）狄斯瓦螨

狄斯瓦螨（通称“大蜂螨”）是对世界养蜂业威胁最大的蜜蜂害虫，见图 5-3。2000 年重新命名之前，它一直被称为雅氏瓦螨（*Varroa jacobsoni* Oudemans 1904）。2000 年年初，澳大利亚学者安德森（Denis L. Anderson）对采集自亚洲各地东方蜜蜂（蜂螨原始寄主）和世界各地西方蜜蜂的大蜂螨样本进行线粒体测序的综合研究。结果表明：原被归入雅氏瓦螨的东方蜜蜂寄生螨，应划分为 2 个种，一个是新界定的雅氏瓦螨，主要分布在印尼和马来西亚,已发现9个基因型;另一个是新定名的狄斯瓦螨，分布于亚洲大陆的东方蜜蜂和世界各地的西方蜜蜂，已发现 11 个基因型。

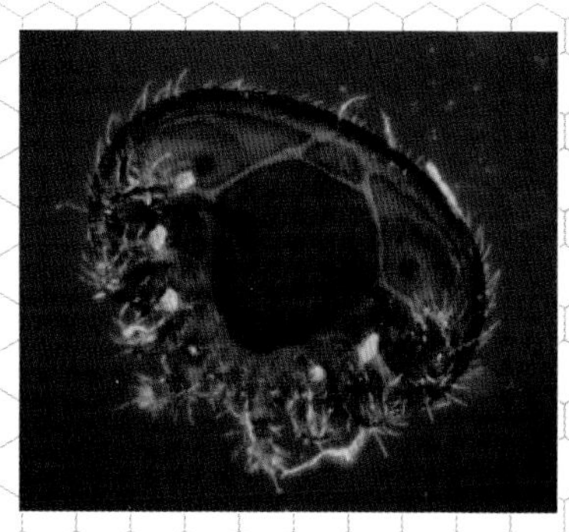
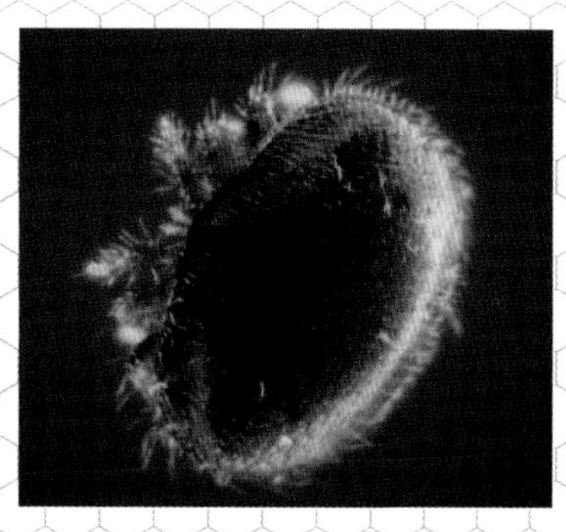

图 5-3 显微镜下的狄斯瓦螨（吴帆 摄）

成年的雌性瓦螨对幼虫和工蜂的挥发物很敏感，特别是哺育蜂的挥发物，因为哺育蜂可以帮助瓦螨找到合适的寄主。等到幼虫发育到蛹期，瓦螨会在封盖前几小时内进入巢房，藏在食物下面。巢房封盖后，瓦螨浮出液面，寄生和取食发育中的蜂蛹，一段时间后开始产卵繁殖。一般都会产生一只雄性和多只雌性，然后这只雄性和多只雌性交配，产生更多后代，在蜜蜂出房前这种繁殖方式会重复数次，所以每次出房都会释放数十只乃至上百只瓦螨。

哺育蜂负责照顾幼虫，所以瓦螨通过哺育蜂来找到合适的蛹，大量实验数据也表明哺育蜂或其提取物对瓦螨的吸引力要比采集蜂强[291]。另一方面，采集蜂分泌的报警信息素和那氏信息素成分多、含量高[257]，它们在抗螨方面发挥重要作用[291]，这也可能是瓦螨远离采集蜂的原因之一。但是，到底是什么物质吸引瓦螨还有待进一步研究。

蜜蜂幼虫也不会完全坐以待毙，它们也会分泌一些化学物质来避免瓦螨的寄生。现在鉴定的很多化学物质都同时具有吸引和排斥瓦螨的作用，虽不能阻止瓦螨寄生，但在一定程度上减缓其宿主定位的能力。实验表明，幼虫信息素中棕榈酸甲酯、棕榈酸乙酯和亚麻酸甲酯三者的混合物可以刺激瓦螨聚集[292]，这些化合物的浓度在封盖前达到峰值[293]，而棕榈酸甲酯和亚麻酸甲酯可以促使哺育蜂封盖[87]，所以有学者认为瓦螨能通过这些化学物质浓度变化来判断蛹的日龄。但之后的研究又显示棕榈酸甲酯等物质并不能吸引瓦螨入侵，甚至蜜蜂蛹期并不合成分泌棕榈酸乙酯[294]。如果这些幼虫信息素物质不吸引瓦螨进入巢房，一定有其他挥发性物质扮演这种角色。随后，研究者发现幼虫食物和蜂茧中的一些化合物能刺激瓦螨[295]，只是幼虫即将发育到蛹期时才会吸引瓦螨寄生[296]。目前只能肯定的是由多种物质参与幼虫对瓦螨的排斥行为，其中包括各种醇、醛和烷烃[297]。

瓦螨对蜜蜂蛹的寄生也具有选择性，在蜂群中它们更喜欢寄生雄蜂蛹[298]，但在实验室条件下它们对雄蜂和工蜂幼虫的选择没有差异[299]。而且入侵时间也明显不同，瓦螨在雄蜂蛹封盖前 40 ~ 50 小时就可以进入，但工蜂蛹只能在封盖前 15 ～ 20 小时进入，这就导致最终雄蜂蛹巢房中的瓦螨数量比工蜂蛹多[300]。蜂房大小是另一个影响瓦螨的寄生的因素，雄蜂蛹巢房要比工蜂蛹的大。瓦螨对王台中蛹的寄生率最低[299]，因为蜂王蛹的 10 种幼虫信息素和普通工蜂蛹不同，其油酸甲酯含量很高，具有一定的抗螨能力[301]。不同蜂种也会影响瓦螨的寄生，把非洲蜜蜂和欧洲蜜蜂放在同一蜂房中培养，瓦螨倾向于寄生欧洲蜜蜂的成年蜜蜂和幼虫[302]，但在实验室中重复该实验却会出现截然相反的结果[303]，所以不能单单从基因型不同来解释这种现象。目前普遍认为瓦螨对并不是通过蛹的挥发物来选择欧洲蜜蜂和非洲蜜蜂的。

此外，瓦螨也能利用种间激素来辨别不同的蜂群、不同日龄的工蜂和蛹，这可能和它们的基因型密切相关。但想要把各种化学信号与蜜蜂行为对应起来依然十分困难，因为挥发物鉴定就很困难，而大多数物质又都是协同作用的。

（三）蜜蜂挥发性物质

目前，对信息素研究还主要集中在对蜜蜂特定腺体和身体部位分泌物化学成分的鉴定上，因为要想确定化学物质的功能，必须要鉴定到所有的化学成分。挥发物成分鉴定之所以困难是因为腺体分泌物成分较多，而且很多物质由多个腺体共同合成，合成后还会发生转移。不过已经有研究表明一些挥发性成分与蜂王、工蜂蛹和工蜂的舞动行为密切相关。其中蜂王中已经鉴定出 4 种特有的挥发物：1 种是交配后蜂王产生的 β – 罗勒烯，另外 3 种是处女王产生的 2– 苯乙醇、正葵醛和正辛醛 [304]，这 4 种物质引起的行为反应还有待进一步研究。

进一步研究发现，低日龄幼虫也能释放 β – 罗勒烯，通过引发通路调节工蜂行为和生理变化，最终可以抑制工蜂卵巢发育 [91]，加速哺育蜂转变成采集蜂 [92]。但和幼虫酯类信息素不同的是，β – 罗勒烯对咽下腺的发育没有影响，所以 β – 罗勒烯和幼虫信息素可能通过不同的机制调节工蜂行为。作为一种挥发性成分，β – 罗勒烯可以扩散出巢房，即使没有幼虫信息素它也能发挥作用。

对返巢的采集蜂分析发现，它们中有些跳舞有些不跳舞，而跳舞的采集蜂会额外分泌4种物质：正十三烷、正二十五烷、9-十三烯和9-二十五烯，不跳舞的蜜蜂则不会分泌[305]。把这4种物质通入蜂巢中可以刺激更多的工蜂出巢行为，这就说明这几种物质可以调节工蜂行为。随着化学分析技术的发展和精密仪器的开发，人们期望能分析发现更多的挥发性成分，这将有助于人们对蜂王、工蜂和雄蜂不同行为以及不同发育阶段蜜蜂生理变化的理解。

七、总结

综上所述，蜜蜂信息素成分复杂，特别是很多挥发性物质，收集都很困难，更别说鉴定了。虽然不知道信息素对蜜蜂影响的微妙变化过程，但知道一些信息素能够调节蜜蜂行为和生理。比如，蜂王信息素可以调节工蜂几百个基因表达量变化，其中一部分基因直接参与蜜蜂发育和繁殖能力。而且信息素发挥作用时会有重叠现象，即不同化学物质可以调节同一行为，这又增加了信息素功能研究的难度。还有一点需要指出，不同日龄蜜蜂对不同信息素的敏感性也不一样，哺育蜂对蜂王和幼虫信息素比较敏感，而采集蜂对采集信息素敏感。对于整个蜂群而言，蜂箱里的信息素时刻都在变化，可想而知，要保持整个蜂群健康生存和繁殖多么复杂困难。

最近几年，科学家意识到信号传递过程对信息素发挥作用也十分重要，因此嗅觉系统和蜜蜂神经中枢（蘑菇体）也成了研究焦点，包括嗅觉系统对信息素识别、嗅觉受体的信号转化、信息素影响蜜蜂脑部基因表达变化等。即使现在还不知道信息素作用的信号通路，但前人研究结果在一定程度上为此提供了研究方向。

目前，对信息素的研究还集中在意大利蜜蜂上，其他蜂种信息素还没有得到广泛的关注。不同蜂种蜜蜂的信息素是存在差异的。比如，所有蜂种蜜蜂的信息素中都含有 9-ODA，但只有意大利蜜蜂和中华蜜蜂中含有对羟基苯甲酸甲酯，只有意大利蜜蜂中含有香草醇[49]。那么这些差异会不会影响蜜蜂种群信息交流？它们的信号通路又是如何？这都需要科学家进一步研究。

蜜蜂种群化学交流方式已经困扰养蜂人和蜜蜂研究者数百年。过去 20 年的研究成果确定了化学生态学、行为生物学、神经生物学和基因组学将是未来蜜蜂研究的主要方向。随着蜜蜂基因组数据深度解析、研究方法创新以及更加精密化学仪器的开发，人们期望在不久的将来科研工作者能解开蜜蜂和其他昆虫种群内化学交流的作用机制。

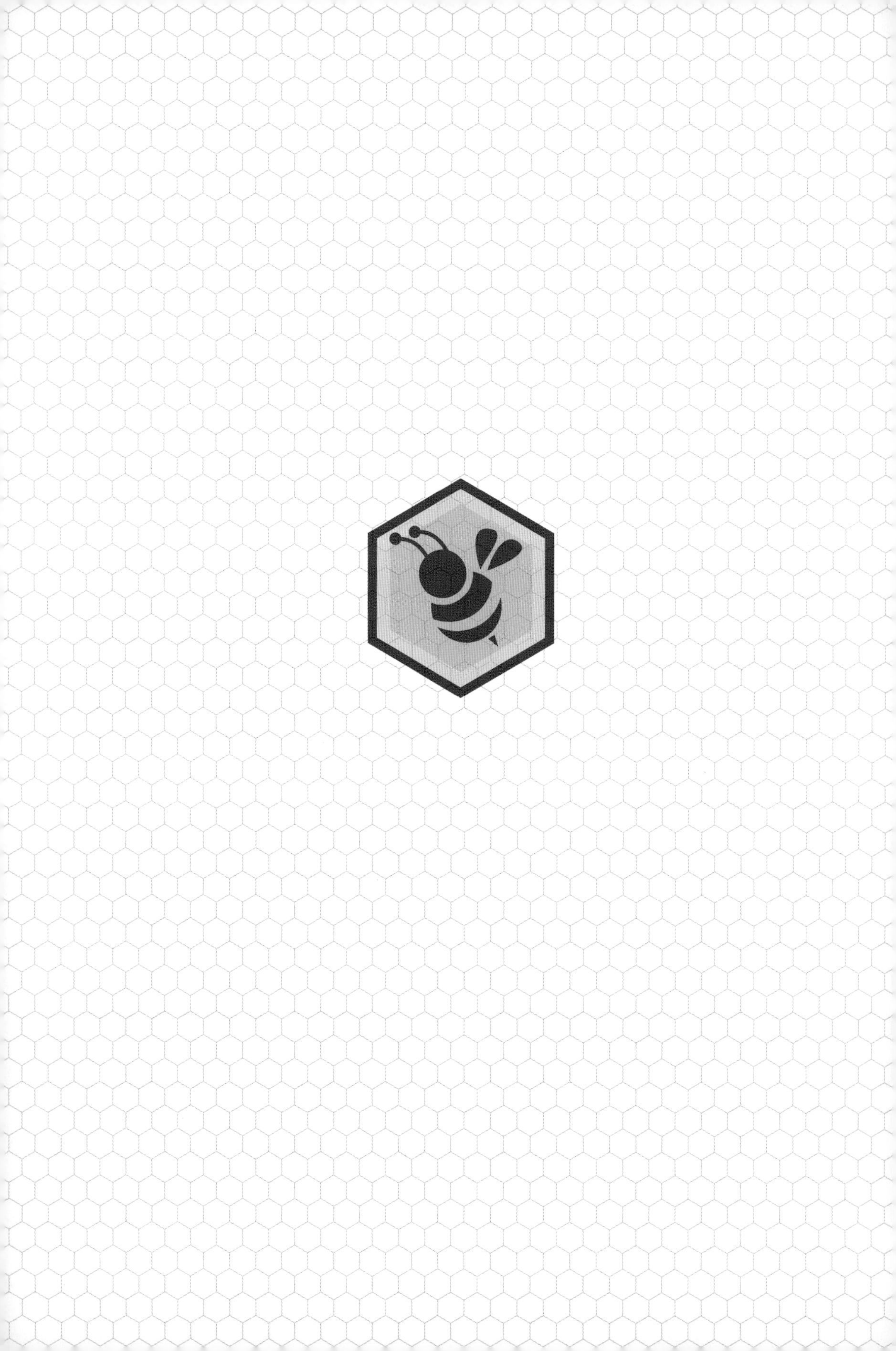

■ 主要参考文献

[1]SIMONE F M, SPIVAK M. Propolis and bee health: the natural history and significance of resin use by honey bees. Apidologie，2010，41：295-311.

[2]SCHMIDT J O ，THOENES S C. Swarm traps for survey and control of Africanized honey bees. Bulletin of the Entomological Society of America，1987，33：155-158.

[3]VISSCHER P K，MORSE R A. Honey bees choosing a home prefer previously occupied cavities. Insect Soc, 1985，32：217-220.

[4]BAUM K A，RUBINK W L，PINTO M A，et al. Spatial and temporal distribution and nest site characteristics of feral honey bee (Hymenoptera：Apidae) colonies in a coastal prairie landscape. Environ Entomol, 2005，34：610-618.

[5]McNally L C，SCHNEIDER S S.Spatial distribution and nesting biology of colonies of the African honey bee Apis mellifera scutellata(Hymenoptera: Apidae) in Botswana. Africa，Environ Entomol, 1996，25：643-652.

[6]SEELY T D. The wisdom of the hive: the social physiology of honey bee colonies Cambridge. Massachusetts: Harvard University Press，1995.

[7]Seeley T D，Morse R A. The nest of the honey bee (Apis mellifera L). Insect Soc，1976，23：495-512.

[8]BOES K E. Honeybee colony drone production and maintenance in accordance with environmental factors: an interplay of queen and worker decisions. Insect Soc，2010，57：1-9.

[9]JOHNSON B R，BAKER N. Adaptive spatial biases in nectar deposition in the nests of honey bees. Insect Soc，2007，54：351-355.

[10]CAMAZINE S. Self-organizing pattern formation on the combs of honey bee colonies. Behav Ecol Sociobiol，1991，28：61-76.

[11]SCHMIDT J O. Dispersal distance and direction of reproductive European

honey bee swarms (Hymenoptera: Apidae). J Kansas Entomol Soc, 1995, 68: 320–325.

[12]SCHNEIDER S S. Swarm movement patterns inferred from waggle dance activity of the neotropical African honey bee in Costa Rica. Apidologie, 1995, 26: 395–406.

[13]OLDROYD B, SMOLENSKI A, LAWLER S, et al. Colony aggregations in Apis mellifera L. Apidologie, 1995, 26: 119–130.

[14]SCHMIDT J O. Attraction of reproductive honey bee swarms to artificial nests by Nasonov pheromone. J Chem Ecol, 1994, 20: 1053–1056.

[15]HEIMPEL G E, DE BOER J G. Sex determination in the hymenoptera. Annu Rev Entomol, 2008, 53: 209–230.

[16]GEMPE T, HASSELMANN M, SCHIOTT M, et al. Sex determination in honeybees: two separate mechanisms induce and maintain the female pathway. PLoS Biol, 2009, 7: e1000222.

[17]NEUMANN P, MORITZ R. The Cape honeybee phenomenon: the sympatric evolution of a social parasite in real time?. Behav. Ecol. Sociobiol, 2002, 52: 271–281.

[18]EVANS J D, WHEELER D E. Differential gene expression between developing queens and workers in the honey bee, Apis mellifera. Proc Natl Acad Sci USA, 1999, 96: 5575–5580.

[19]WHEELER D E, BUCK N, EVANS J D. Expression of insulin pathway genes during the period of caste determination in the honey bee. Apis mellifera, Insect Mol Biol, 2006, 15: 597–602.

[20]KAMAKURA M. Royalactin induces queen differentiation in honeybees. Nature, 2011, 473, 478–483.

[21]WINSTON M L. The honey bee colony: life history in The hive and the honey bee (GRAHAM J M, ed)pp. Dadant , Sons, Hamilton, 1992, 73–102.

[22]RUEPPELL O. Aging of social insects in Organization of insect societies: from genome to sociocomplexity(GADAU J, FEWELL J, eds) pp. Harvard University Press, Cambridge, 2009, 2-19.

[23]WINSTON M L. The biology of the honey bee. Harvard University Press, Cambridge, Massachusetts, 1991.

[24]SCHNEIDER S S. Spatial foraging patterns of the African honey bee. Apis mellifera scutellata, J Insect Behav, 1989, 2: 505-521.

[25]SCHNEIDER S S, MCNALLY L C. Seasonal patterns of foraging activity in colonies of the African honey bee. Apis mellifera scutellata, in Africa, Insect Soc, 1992, 39: 181-193.

[26]SCHNEIDER S S, MCNALLY L C. Factors influencing seasonal absconding in colonies of the African honey bee. Apis mellifera scutellata, Insect Soc, 1992, 39: 403-423.

[27]LEWIS L A, SCHNEIDER S S. "Migration dances" in swarming colonies of the honey bee. Apis mellifera, Apidologie, 2008, 39: 354-361.

[28]SCHNEIDER S S, MCNALLY L C. Waggle dance behavior associated with seasonal absconding in colonies of the African honey bee. Apis mellifera scutellata, Insect Soc, 1994, 41: 115-127.

[29]BREED M D, GUZMANN E, HUNT G J. Defensive behavior of honey bees: Organization, genetics, and comparisons with other bees. Annu Rev Entomol, 2004, 49: 271-298.

[30]SCHNEIDER S S, MCNALLY L C. Colony defense in the African honey bee in Africa (Hymenoptera: Apidae). Environ Entomol, 1992, 21: 1362-1370.

[31]SCHNEIDER S S, HOFFMAN G D, SMITH D R. The African honey bee: Factors contributing to a successful biological invasion. Annu Rev Entomol, 2004, 49: 351-376.

[32]WINSTON M L. Killer bees: the Africanized honey bee in the Americas.

Harvard University Press, 1992.
[33]DEGRANDIH G, TARPY D R, SCHNEIDER S S. Patriline composition of worker populations in honeybee (Apis mellifera) colonies headed by queens inseminated with semen from African and European drones. Apidologie, 2003, 34: 111–120.
[34]DEGRANDIH G, WATKINS J C, COLLINS, A M, et al. Queen developmental time as a factor in the Africanization of European honey bee (Hymenoptera: Apidae) populations. Ann Entomol Soc Am, 1998, 91: 52–58.
[35]SCHNEIDER S S, PAINTERK S, DEGRANDIH G. The role of the vibration signal during queen competition in colonies of the honeybee. Apis mellifera, Anim Behav, 2001, 61: 1173–1180.
[36]SCHNEIDER S S, DEGRANDIH G. The influence of paternity on virgin queen success in hybrid colonies of European and African honeybees. Anim Behav, 2003, 65: 883–892.
[37]SCHNEIDER S S, DEEBY T, GILLEY D C, et al. Seasonal nest usurpation of European colonies by African swarms in Arizona. USA, Insect Soc, 2004, 51: 359–364.
[38]HARRISON J F, TAYLOR O R, HALL H G. The flight physiology of reproductives of Africanized, European, and hybrid honeybees (Apis mellifera). Physiol Biochem Zool, 2005, 78: 153–162.
[39]SCHNEIDER S S, LEAMY L J, LEWIS L A, et al, The influence of hybridization between African and European honeybees, Apis mellifera, on asymmetries in wing size and shape. Evolution, 2003, 57: 2350–2364.
[40]PINTO M A, RUBINK W L, COULSON R N, et al. Temporal pattern of Africanization in a feral honeybee population from Texas inferred from mitochondrial DNA. Evolution, 2004, 58: 1047–1055.
[41]LINON J, BAD S N, DOLDER H. Sperm ultrastructure of the honey bee

(Apis mellifera)(Hymenoptera, Apidae) with emphasis on the nucleusflagellum transition region. Tissue Cell, 2000, 32: 322-327.

[42]TUFAIL M, TAKEDA M. Insect vitellogenin/lipophorin receptors: Molecular structures, role in oogenesis, and regulatory mechanisms. J Insect Physiol, 2009, 55: 87-103.

[43]COLLINS A M. Variation in time of egg hatch by the honey bee, Apis mellifera (Hymenoptera: Apidae). Ann Entomol Soc Am, 2004, 97: 140-146.

[44]FARRIS S M, ROBINSON G E, DAVIS R L, et al, Larval and pupal development of the mushroom bodies in the honey bee. Apis mellifera, J Comp Neurol, 1999, 414: 97-113.

[45]AYASSE M, PAXTON R J, TENGO J. Mating behavior and chemical communication in the order Hymenoptera. Annu Rev Entomol, 2001, 46: 31-78.

[46]GARY N E. Chemical Mating Attractants in the Queen Honey Bee. Science, 1962, 136: 773-774.

[47]KEELING C I, SLESSOR K N, HIGO H A, et al. New components of the honey bee (Apis mellifera) queen retinue pheromone. Proc Natl Acad Sci U S A. 2003, 100: 4486-4491.

[48]ROBINSON G E, WINSTON M L, HUANG Z, et al. Queen mandibular gland pheromone influences worker honey bee (Apis mellifera L.) foraging ontogeny and juvenile hormone titers. J Insect Physiol, 1998, 44: 685-692.

[49]PLETTNER E, OTIS G W, WIMALARATNE P D C, et al. Species-and caste-determined mandibular gland signals in honeybees (Apis). J Chem Ecol, 1997, 23: 363-377.

[50]WILMS J, ELTZ T. Foraging scent marks of bumblebees: Footprint cues rather than pheromone signals. Naturwissenschaften, 2008, 95: 149-153.

[51]GORB S N, SINHA M, PERESSADKO A, et al. Insects did it first: a micropatterned adhesive tape for robotic applications. Bioinspiration, Biomimetic, 2007, 2: S117-S125.
[52]ROBERTSON H M, KENT L B. Evolution of the gene lineage encoding the carbon dioxide receptor in insects. Journal of Insect Science. 2009, 9.
[53]SEELEY T D. Atmospheric carbon dioxide regulation in honey-bee (Apis mellifera) colonies. J Insect Physiol, 1974, 20: 2301-2305.
[54]DESOIL M, GILLIS P, GOSSUIN Y, et al. Definitive identification of magnetite nanoparticles in the abdomen of the honeybee Apis mellifera. Fifth International Conference on Fine Particle Magnetism, 2005, 17: 45-49.
[55]KUTERBACH D A, WALCOTT B, REEDER R J, et al. Iron-containing cells in the honey bee (Apis mellifera). Science, 1982, 218: 695-697.
[56]HSU C Y, LI C W. Magnetoreception in honeybees. Science, 1994, 265: 95-97.
[57]KEIM C N, CRUZL C, CARNEIRO F G, et al. Ferritin in iron containing granules from the fat body of the honeybees Apis mellifera and Scaptotrigona postica. Micron, 2002, 33: 53-59.
[58]HSU C Y, KO F Y, LI C W, et al. Magnetoreception system in honey bees (Apis mellifera). PLOS ONE, 2007, 2: e395.
[59]YOKOHARI F, TOMINAGA Y, TATEDA H. Antennal hygroreceptors of the honey bee, Apis mellifera L. Cell Tissue Res, 1982, 226: 63-73.
[60]YOKOHARI F. The coelocapitular sensillum, an antennal hygro and thermoreceptive sensillum of the honey bee. Apis mellifera L. Cell Tissue Res, 1983, 233: 355-365.
[61]LANHAM U N. Possible phylogenetic significance of complex hairs in bees and ants. J New York Entomol S, 1979: 91-94.
[62]SOUTHWICK E E. Bee hair structure and the effect of hair on metabolism

at low temperature. J Apicult Res, 1985, 24: 144-149.
[63]LNOUYE D W, WALLER G D. Responses of honey bees (Apis mellifera) to amino acid solutions mimicking floral nectars. Ecology, 1984, 65: 618-625.
[64]SOUTHWICK E E, LOPER G M, SADWICK S E. Nectar production, composition, energetics and pollinator attractiveness in spring flowers of western New York. Am J Bot, 1981: 994-1002.
[65]PENG Y S, NASR M E, MARSTON J M. Release of alfalfa, Medicago sativa, pollen cytoplasm in the gut of the honey bee, Apis mellifera (Hymenoptera: Apidae). Ann Entomol Soc Am, 1986, 79: 804-807.
[66]HEINRICH B. Mechanisms of body-temperature regulation in honey bees, Apis mellifera. J Exp Biol, 1980, 85: 73-87.
[67]CRAILSHEIM K. Distribution of haemolymph in the honey bee (Apis mellifica) in relation to season, age and temperature. J Insect Physiol, 1985, 31: 707-713.
[68]ROSSEL S, WEHNER R. Polarization vision in bees. Nature. 1986, 323: 128-131.
[69]SPANGLER H G. High-frequency sound production by honeybees. J Apicult Res, 1986, 25.
[70]HEINRICH B. Thermoregulation of African and European honeybees during foraging. attack, and hive exits and returns.1979, 80: 217-229.
[71]LINDAUER M. Recent advances in bee communication and orientation. Annu Rev Entomol, 1967, 12: 439-470.
[72]FRISCH B, ASCHOFF J. Circadian rhythms in honeybees: entrainment by feeding cycles. Physiol Entomol, 1987, 12: 41-49.
[73]SOUTHWICK E E, MORITZ R F A. Metabolic response to alarm pheromone in honey bees. J Insect Physiol, 1985, 31: 389-392.
[74]SOUTHWICK E E, MORITZ R F A. Effects of meteorological factors on

defensive behaviour of honey bees. Int J Biometeorol，1987，31：259–265.

[75]ONO M, OKADA I, SASAKI M. Heat production by balling in the Japanese honeybee，Apis cerana japonica as a defensive behavior against the hornet，Vespa simillima xanthoptera (Hymenoptera: Vespidae).Experientia，1987，43：1031–1034.

[76]OWENS C D. The thermology of wintering honey bee colonies. US Agricultural Research Service，1971.

[77]SOUTHWICK E E. The honey bee cluster as a homeothermic super organism. Comparative Biochemistry and Physiology Part A：Physiology，1983，75：641–645.

[78]SOUTHWICK E E. Cooperative metabolism in honey bees：an alternative to antifreeze and hibernation. J Therm Biol，1987，12：155–158.

[79]SOUTHWICK E E. Allometric relations，metabolism and heart conductance in clusters of honey bees at cool temperatures. Journal of Comparative Physiology B，1985，156：143–149.

[80]HUANG Z Y，ROBINSON G E. Regulation of honey bee division of labor by colony age demography. Behav Ecol Sociobiol，1996，39：147–158.

[81]HUANG Z Y，PLETTNER E，ROBINSON G E. Effects of social environment and worker mandibular glands on endocrine–mediated behavioral development in honey bees. Journal of Comparative Physiologya–Sensory Neural and Behavioral Physiology，1998，183：143–152.

[82]AMDAM G V，OMHOLT S W. The hive bee to forager transition in honeybee colonies: the double repressor hypothesis. J Theor Biol, 2003，223：451–464.

[83]AMDAM G V，CSONDES A，FONDRK M K，et al. Complex social behaviour derived from maternal reproductive traits. Nature，2006，439：76–78.

[84]WANG Y, KAFTANOGLU O, SIEGEL A J, et al. Surgically increased ovarian mass in the honey bee confirms link between reproductive physiology and worker behavior. J Insect Physiol, 2010, 56: 1816-1824.
[85]GROZINGER C M, SHARABASH N M, WHITFIELD C W, et al. Pheromone-mediated gene expression in the honey bee brain. Proc Natl Acad
Sci USA. 2003, 100 Suppl 2, 14519-14525.
[86]BEGGS K T, GLENDINING K A, MARECHAL N M, et al. Queen pheromone modulates brain dopamine function in worker honey bees. Proc Natl Acad Sci USA, 2007, 104: 2460-2464.
[87]LE C Y, ARNOLD G, TROUILLER J, Identification of a brood pheromone in honeybees. Naturwissenschaften, 1990, 77: 334-336.
[88]PANKIW T, HUANG Z, WINSTON M L, et al. Queen mandibular gland pheromone influences worker honey bee (Apis mellifera L) foraging ontogeny and juvenile hormone titers. J Insect Physiol, 1998, 44: 685-692.
[89]PANKIW T, GARZA C. Africanized and European honey bee worker ovarian follicle development response to racial brood pheromone extracts. Apidologie, 2007, 38: 156-163.
[90]MOHAMMEDI A, PARIS A, CRAUSER D, et al. Effect of aliphatic esters on ovary development of queenless bees (Apis mellifera L). Naturwissenschaften, 1998, 85: 455-458.
[91]MAISONNASSE A, LENOIR J C, COSTAGLIOLA G, et al. A scientific note on E-beta-ocimene, a new volatile primer pheromone that inhibits worker ovary development in honey bees. Apidologie, 2009, 40: 562-564.
[92]MAISONNASSE A, LENOIR J C, BESLAY D, et al. E-beta-Ocimene, a volatile brood pheromone involved in social regulation in the honey bee colony (Apis mellifera). PLoS ONE, 2010, 5.

[93]TOMA D P, BLOCH G, MOORE D, et al. Changes in period mRNA levels in the brain and division of labor in honey bee colonies. Proc Natl Acad Sci USA, 2000, 97: 6914-6919.

[94]WHITFIELD C W, CZIKO A M, ROBINSON G E. Gene expression profiles in the brain predict behavior in individual honey bees. Science, 2003, 302: 296-299.

[95]LIANG Z Z S, NGUYEN T, MATTILA H R, et al. Molecular determinants of scouting behavior in honey bees. Science, 2012, 335: 1225-1228.

[96]LIU F, PENG W, LI Z, et al. Next-generation small RNA sequencing for microRNAs profiling in Apis mellifera: comparison between nurses and foragers. Insect Mol Biol, 2012, 21: 297-303.

[97]JACKSON J T, TARPY D R, FAHRBACH S E. Histological estimates of ovariole number in honey bee queens, Apis mellifera, reveal lack of correlation with other queen quality measures. Journal of Insect Science, 2011, 11.

[98]HAYDAK M H. Honey bee nutrition. Annu Rev Entomol, 1970, 15: 143-156.

[99]WITTMANN D, ENGELS W. On which diet can worker honey bees be reared in vitro? Apidologie (France), 1987, 18: 279-288.

[100]ASENCOT M, LENSKY Y. The effect of soluble sugars in stored royal jelly on the differentiation of female honeybee (Apis mellifera L) larvae to queens. Insect Biochemistry, 1988, 18: 127-133.

[101]Asencot M, Lensky Y. The effect of sugars and juvenile hormone on the differentiation of the female honeybee larvae (Apis mellifera L) to queens. Life Sci, 1976, 18: 693-699.

[102]KAFTANOGLU O, LINKSVAYER T A, PAGE R E.Rearing honey bees, Apis mellifera, in vitro 1: Effects of sugar concentrations on survival and development. Journal of Insect Science, 2011, 11.

[103]SCHMITZOVA J，KIAUDINY J，ALBERT S，A family of major royal jelly proteins of the honeybee Apis mellifera L. Cell Mol Life Sci，1998，54：1020-1030.

[104]PATEL A，FONDRK M K，KAFTANOGLU O，et al.The making of a queen：TOR pathway is a key player in diphenic caste development. PLoS ONE，2007，2.

[105]MUTTI N S，DOLEZAL A G，WOLSCHIN F，et al. IRS and TOR nutrient-signaling pathways act via juvenile hormone to influence honey bee caste fate. J Exp Biol，2011，214：3977-3984.

[106]DE A S V，Hartfelder K. The insulin signaling pathway in honey bee (Apis mellifera)caste development-differential expression of insulin-likepeptides and insulin receptors in queen andworker larvae. J Insect Physiol，2008，54：1064-1071.

[107]WANG Y，JORDA M，JONES P L，et al. Functional CpG methylation system in a social insect. Science，2006，314：645-647.

[108]LYKO F，FORET S，KUCHARSKI R，et al. The honey bee epigenomes: differential methylation of brain DNA in queens and workers. Plos Biology，2010，8.

[109]KUCHARSKI R，MALESZKA J，Foret S，et al. Nutritional control of reproductive status in honeybees via DNA methylation. Science，2008，319：1827-1830.

[110]SHI Y Y，HUANG Z Y，ZENG Z J，et al. Diet and cell size both affect queen-worker differentiation through DNA methylation in honey bees (Apis mellifera，Apidae). PLoS ONE，2011，6.

[111]SPANNHOFF A，KIM Y K，RAYNAL N J M，et al. Histone deacetylase inhibitor activity in royal jelly might facilitate caste sw itching in bees. Embo Rep，2011，12：238-243.

[112]FLURI P，LUSCHER M，WILLE H，et al. Changes in weight of the

pharyngeal gland and haemolymph titres of juvenile hormone, protein and vitellogenin in worker honey bees. J Insect Physiol, 1982, 28: 61-68.
[113]AMDAM G V, SIMOES Z L P, HAGEN A, et al. Hormonal control of the yolk precursor vitellogenin regulates immune function and longevity in honeybees. Exp Gerontol, 2004, 39: 767-773.
[114]MILOJEVIC B D. A new interpretation of the social life of the honey bee. Bee World, 1940, 21: 39-41.
[115]HAYDAK M H. Age of nurse bees and brood rearing. J Apicult Res, 1963, 2: 101-103.
[116]MAURIZIO A, HODGES F E D. The influence of pollen feeding and brood rearing on the length of life and physiological condition of the honeybee: preliminary report. Bee World, 1950, 31: 9-12.
[117]NELSON C M, LHLE K E, FONDRK M K, et al. The gene vitellogenin has multiple coordinating effects on social organization. PLoS Biology, 2007, 5: 673-677.
[118]TATAR M, KOPELMAN A, EPSTEIN D, et al. A mutant Drosophila insulin receptor homolog that extends life-span and impairs neuroendocrine function. Science, 2001, 292: 107-110.
[119]SEEHUUS S C, KREKLING T, AMDAM G V. Cellular senescence in honey bee brain is largely independent of chronological age. Exp Gerontol, 2006, 41: 1117-1125.
[120]SEEHUUS S C, NORBERG K, GIMSA U, et al. Reproductive protein protects functionally sterile honey bee workers from oxidative stress. Proc Natl Acad Sci USA, 2006, 103: 962-967.
[121]WEDDE M, WEISE C, KOPACEK P, et al. Purification and character ization of an inducible metalloprotease inhibitor from the hemolymph-of greater wax moth larvae, Galleria mellonella. Eur J Biochem, 1998,

255，535-543.
[122]SMEDAL B，BRYNEM M，KREIBICH C D，et al. Brood pheromone suppresses physiology of extreme longevity in honeybees (Apismellifera). J Exp Biol. 2009，212：3795-3801.
[123]REMOLINA S C，HAFEZ D M，ROBINSON G E，et al. Senescence in the worker honey bee Apis Mellifera. J Insect Physiol，2007，53：1027-1033.
[124]VANCE J T，WILLIAMS J B，ELEKONICH M M，et al. The effects of age and behavioral development on honey bee (Apis mellifera) flight performance. J Exp Biol，2009，212：2604-2611.
[125]RUEPPELL O，BACHELIER C，FONDRK M K，et al. Regulation of life history determines lifespan of worker honey bees (Apis mellifera L). Exp Gerontol，2007，42：1020-1032.
[126] WOLSCHIN F，AMDAM G V. Comparative proteomics reveal characteristics of life-history transitions in a social insect. Proteome Science，2007，5.
[127]HARMAN D. Free radical involvement in aging. Drug Aging，1993，3：60-80.
[128]DOUMS C，MORET Y，BENELLI E，et al. Senescence of immune defence in Bombus workers. Ecol Entomol，2002，27：138-144.
[129]AMDAM G V，AASE A L T O，SEEHUUS S C，et al. Social reversal of immunosenescence in honey bee workers. Exp Gerontol，2005，40：939-947.
[130]KENYON C J. The genetics of ageing. Nature，2010，464：504-512.
[131]PARTRIDGE L. The new biology of ageing. Philos Trans R Soc Lond B Biol Sci，2010，365：147-154.
[132]HUNT G J，AMDAM G V，SCHLIPALIUS D，et al. Behavioral genomics of honeybee foraging and nest defense. Naturwissenschaften，2007，94：247-267.

[133]AMENT S A, CORONA M, POLLOCK H S, et al. Insulin signaling is involved in the regulation of worker division of labor in honey bee colonies. Proc Natl Acad Sci USA, 2008, 105: 4226-4231.
[134]WANG Y, BRENT C S, FENNERN E, et al. Gustatory perception and fat body energy metabolism are jointly affected by vitellogenin and juvenile hormone in honey bees. PLoS Genetics, 2012, 8.
[135]WANG Y, KOCHER S D, LINKSVAYER T A, et al. Regulation of behaviorally associated gene networks in worker honey bee ovaries. J Exp Biol, 2012, 215: 124-134.
[136]LI Y Y, DANIEL M, TOLLEFSBOL T O. Epigenetic regulation of caloric restriction in aging. BMC Medicine, 2011, 9.
[137]WANG Y, KAFTANOGLU O, BRENT C S, et al. Starvation stress during larval development facilitates an adaptive response in adult worker honey bees (Apis mellifera L). J Exp Biol, 2016, 219: 949-959.
[138]HERB B R, WOLSCHIN F, HANSEN K D, et al. Reversible switching between epigenetic states in honeybee behavioral subcastes. Nat Neurosci, 2012, 15: 1371-1373.
[139]GRAHAM J. M. The hive and the honey bee, Dadant, Sons, Hamilton, Illinois. 1992.
[140]GOULD J L, KIRSCHVINK J L, DEFFEYES K S, et al. Orientation of demagnetized bees. J Exp Biol. 1980, 86.1-8.
[141]PIERCE A L, LEWIS L A, SCHNEIDER S S. The use of the vibration signal and worker piping to influence queen behavior during swarming in honey bees, Apis mellifera. Ethology. 2007, 113: 267-275.
[142]RITTSCHOF C C, SEELEY T D. The buzz-run: how honeybees signal 'Time to go!'. Anim Behav. 2008, 75, 189-197.
[143]VISSCHER P K, SEELEY T D. Coordinating a group departure: who produces the piping signals on honeybee swarms?. Behav Ecol

Sociobiol, 2007, 61: 1615-1621.
[144]TARPY D R, FLETCHER D J C. "Spraying" behavior during queen competition in honey bees. J Insect Behav, 2003, 16: 425-437.
[145]SCHNEIDER S S, GRANDI-HOFFMAN G. Queen replacement in African and European honey bee colonies with and without afterswarms. Insect Soc, 2008, 55: 79-85.
[146]TARPY D R, PAGE R E. Sex determination and the evolution of polyandry in honey bees (Apis mellifera). Behav Ecol Sociobiol, 2002, 52: 143-150.
[147]MATTILA H R, SEELEY T D. Genetic diversity in honey bee colonies enhances productivity and fitness. Science, 2007, 317: 362-364.
[148]OLDROYD B P, FEWELL J H. Genetic diversity promotes homeostasis in insect colonies. Trends Ecol Evol, 2007, 22: 408-413.
[149]RICHARD F J, TARPY D R, GROZINGER C M. Effects of insemination quantity on honey bee queen physiology. PLoS ONE, 2007, 2.
[150]PANKIW T. Cued in: honey bee pheromones as information flow and collective decision-making. Apidologie, 2004, 35: 217-226.
[151]SLESSOR K N, WINSTON M L, LE C Y. Pheromone communication in the honeybee(Apis mellifera L). J Chem Ecol, 2005, 31: 2731-2745.
[152]NAUMANN K, WINSTON M L, SLESSOR K N, et al. Production and transmission of honey bee queen (Apis mellifera L) mandibular gland pheromone. Behav Ecol Sociobiol, 1991, 29: 321-332.
[153]LE C Y, HEFETZ A. Primer pheromones in social hymenoptera. Annu Rev Entomol, 2008, 53: 523-542.
[154]VERGOZ V, SCHREURS H A, MERCER A R. Queen pheromone blocks aversive learning in young worker bees. Science, 2007, 317: 384-386.
[155]SCHNEIDER S S, MCNALLY L C. The vibration dance behavior of

queenless workers of the honey bee, Apis mellifera (Hymenoptera: Apidae). J Insect Behav, 1991, 4: 319-332.
[156]BEEKMAN M, ALLSOPP M H, JORDAN L A, et al. A quantitative study of worker reproduction in queenright colonies of the Cape honey bee, Apis mellifera capensis. Mol Ecol, 2009, 18: 2722-2727.
[157]RATNIEKS F L W, FOSTER K R, WENSELEERS T. Conflict resolution in insect societies. Annu Rev Entomol, 2006, 51: 581-608.
[158]STOUT T L, SLONE J D, SCHNEIDER S S. Age and behavior of honey bee workers, Apis mellifera, that interact with drones. Ethology, 2011, 117: 459-468.
[159]BOUCHER M, SCHNEIDER S S. Communication signals used in worker-drone interactions in the honeybee, Apis mellifera. Anim Behav, 2009, 78: 247-254.
[160]SLONE J D, STOUT T L, HUANG Z Y, et al. The influence of drone physical condition on the likelihood of receiving vibration signals from worker honey bees, Apis mellifera. Insect Soc, 2012, 59: 101-107.
[161]KARLSON P, LUSCHER M. 'Pheromones': a new term for a class of biologically active substances. Nature, 1959, 183: 55-56.
[162]ALAUX C, ROBINSON G E. Alarm pheromone induces immediate-early gene expression and slow behavioral response in honey bees. J Chem Ecol, 2007, 33: 1346-1350.
[163]STEINBRECHT R A. Odorant-binding proteins: Expression and function. Ann Ny Acad Sci, 1998, 855: 323-332.
[164]NAKAGAWA T, VOSSHALL L B. Controversy and consensus: noncanonical signaling mechanisms in the insect olfactory system. Curr Opin Neurobiol, 2009, 19: 284-292.
[165]ROBERTSON H M, WANNER K W. The chemoreceptor superfamily in the honey bee, Apis mellifera: Expansion of the odorant, but not

gustatory, receptor family. Genome Res, 2006, 16: 1395-1403.
[166]WANNER K W, NICHOLS A S, WALDEN K K O, et al. A honey bee odorant receptor for the queen substance 9-oxo-2-decenoic acid. Proc Natl Acad Sci USA, 2007, 104, 14383-14388.
[167]BROCKMANN A, BRUCKNER D, CREWE R M. The EAG response spectra of workers and drones to queen honey bee mandibular gland components: The evolution of a social signal. Naturwissenschaften, 1998, 85: 283-285.
[168]GOODMAN L. Form and function in the honey bee. International bee research association, 2003.
[169]BRIAND L, SWASDIPAN N, NESPOULOUS C, et al. Characterization of a chemosensory protein (ASP3c) from honeybee (Apis mellifera L) as a brood pheromone carrier. Eur J Biochem, 2002, 269: 4586-4596.
[170]DANTY E, BRIAND L, MICHARDV C, et al. Cloning and expression of a queen pheromone-binding protein in the honeybee: an olfactory-specific, developmentally regulated protein. J Neurosci, 1999, 19: 7468-7475.
[171]GALIZIA C G, SACHSE S, RAPPERT A, et al. The glomerular code for odor representation is species specific in the honeybee Apis mellifera. Nat Neurosci, 1999, 2: 473-478.
[172]SANDOZ J C. Odour-evoked responses to queen pheromone components and to plant odours using optical imaging in the antennal lobe of the honey bee drone Apis mellifera L. J Exp Biol, 2006, 209: 3587-3598.
[173]ARNOLD G, MASSON C, BUDHARUGSA S. Comparative study of the antennal lobes and their afferent pathway in the worker bee and the drone (Apis mellifera). Cell Tissue Res, 1985, 242: 593-605.
[174]NAUMANN K, WINSTON M L, SLESSOR K N, et al. Intra-nest

transmission of aromatic honey bee queen mandibular gland pheromone components: movement as a unit. The Canadian Entomologist, 1992, 124: 917-934.

[175]KEELING C I, SLESSOR K N, HIGO H A, et al. New components of the honey bee (Apis mellifera L) queen retinue pheromone. Proc Natl Acad Sci USA, 2003, 100: 4486-4491.

[176]HOOVER S E R, KEELING C I, WINSTON M L, et al. The effect of queen pheromones on worker honey bee ovary development. Naturwissenschaften, 2003, 90: 477-480.

[177]SLESSOR K N, KAMINSKI L A, KING G G, et al. Semiochemicals of the honeybee queen mandibular glands. J Chem Ecol, 1990, 16: 851-860.

[178]WOSSLER T C, JONES G E, ALLSOPP M H, et al. Virgin queen mandibular gland signals of Apis mellifera capensis change with age and affect honeybee worker responses. J Chem Ecol, 2006, 32: 1043-1056.

[179]ENGELS W, ROSENKRANZ P, ADLER A, et al. Mandibular gland volatiles and their ontogenetic patterns in queen honey bees, Apis mellifera carnica. J Insect Physiol, 1997, 43: 307-313.

[180]BROCKMANN A, DIETZ D, SPAETHE J, et al. Beyond 9-ODA: Sex pheromone communication in the European honey bee Apis mellifera L. J Chem Ecol, 2006, 32: 657-667.

[181]WOSSLER T C, CREWE R M. Mass spectral identification of the tergal gland secretions of female castes of two African honey bee races (Apis mellifera). J Apicult Res, 1999, 38: 137-148.

[182]HEINZE J, ETTORRE P. Honest and dishonest communication in social Hymenoptera. J Exp Biol, 2009, 212: 1775-1779.

[183]PANKIW T, WINSTON M L, PLETTNER E, et al. Mandibular gland

components of European and Africanized honey bee queens (Apis mellifera L). J Chem Ecol，1996，22：605-615.

[184]Al-QARNI A S，PL P，BH S，et al.Tergal glandular secretions of naturally mated and instrumentally inseminated honeybee queens (Apis mellifera L). Journal of King Saud University，2005，17：125-137.

[185]STRAUSs K，SCHARPENBERG H，CREWE R M，et al. The role of the queen mandibular gland pheromone in honeybees(Apis mellifera): honest signal or suppressive agent? Behav Ecol Sociobiol，2008，62：1523-1531.

[186]KOCHER S D，RICHARD F J，TARPY D R，et al. Queen reproductive state modulates pheromone production and queen-worker interactions in honeybees. Behav Ecol，2009，20：1007-1014.

[187]CREWE R M，VELTHUIS H H W. False queens：a consequence of mandibular gland signals in worker honeybees. Naturwissenschaften，1980，67：467-469.

[188]PLETTNER E，SLESSOR K N，Winston M L，et al. Caste-selective pheromone biosynthesis in honeybees. Science，1996，271：1851-1853.

[189]MALKA O，SHNIEOR S，KATZAV-GOZANSKY T，et al. Aggressive reproductive competition among hopelessly queenless honeybee workers triggered by pheromone signaling. Naturwissenschaften，2008，95：553-559.

[190]SIMON U E，MORITZ R F A，CREWE R M. The ontogenetic pattern of mandibular gland components in queenless worker bees (Apis mell-ifera capensis Esch). J Insect Physiol，2001，47：735-738.

[191]DIETEMANN V，NEUMANN P，HARTEL S，et al. Pheromonal dominance and the selection of a socially parasitic honeybee worker lineage (Apis mellifera capensis Esch)，J Evolution Biol，2007，20：997-1007.

[192]KAMINSKI L A, SLESSOR K N, WINSTON M L, et al. Honeybee response to queen mandibular pheromone in laboratory bioassays. J Chem Ecol, 1990, 16: 841-850.

[193]NAUMANN K, WINSTON M L, SLESSOR K N. Movement of honey bee (Apis mellifera L) queen mandibular gland pheromone in populous and unpopulous colonies. J Insect Behav, 1993, 6: 211-223.

[194]PETTIS J S, WINSTON M L, SLESSOR K N. Behavior of queen and worker honey bees (Hymenoptera, Apidae)in response to exogenous queen mandibular gland pheromone. Ann Entomol Soc Am, 1995, 88: 580-588.

[195]HIGO H A, COLLEY S J, WINSTON M L, et al. Effects of honey bee (Apis mellifera L) queen mandibular gland pheromone on foraging and brood rearing. The Canadian Entomologist, 1992, 124: 409-418.

[196]HIGO H A, WINSTON M L, SLESSOR K N. Mechanisms by Which Honey-Bee (Hymenoptera, Apidae) Queen Pheromone Sprays Enhance Pollination. Ann Entomol Soc Am, 1995, 88: 366-373.

[197]LEDOUX M N, WINSTON M L, HIGO H, et al. Queen pheromonal factors influencing comb construction by simulated honey bee (Apis mellifera L) swarms. Insect Soc, 2001, 48: 14-20.

[198]NAUMANN K, WINSTON M L, WYBORN M H, et al. Effects of synthetic, honey bee (Hymenoptera: Apidae) queen mandibular-gland pheromone on workers in packages. J Econ Entomol, 1990, 83: 1271-1275.

[199]WINSTON M L, SLESSOR K N, Willis L G, et al. The influence of queen mandibular pheromones on worker attraction to swarm clusters and inhibition of queen rearing in the honey bee (Apis mellifera L). Insect Soc, 1989, 36: 15-27.

[200]WINSTON M L, SLESSOR K N, SMIRLE M J , et al. The influence

of a queen-produced substance, 9HDA, on swarm clustering behavior in the honeybee Apis mellifera L. J Chem Ecol, 1982, 8: 1283-1288.
[201]WINSTON M L, HIGO H A, COLLEY S J, et al. The role of queen mandibular pheromone and colony congestion in honey bee (Apis mellifera L.) reproductive swarming (Hymenoptera: Apidae). J Insect Behav, 1991, 4: 649-660.
[202]MEATHOPOULOS A P, WINSTON M L, PETTIS J S, et al. Effect of queen mandibular pheromone on initiation and maintenance of queen cells in the honey bee (Apis mellifera L). Can Entomol, 1996, 128: 263-272.
[203]PETTIS J S, HIGO H A, PANKIW T, et al. Queen rearing suppression in the honey bee-evidence for a fecundity signal. Insect Soc, 1997, 44: 311-322.
[204]ENGELS W, ADLER A, ROSENKRANZ P, et al. Dose-dependent inhibition of emergency queen rearing by synthetic 9-ODA in the honey bee, Apis mellifera carnica. Journal of Comparative Physiology B: Biochemical, Systemic, and Environmental Physiology, 1993, 163: 363-366.
[205]PANKIW T, HUANG Z Y, WINSTON M L, et al. Queen mandibular gland pheromone influences worker honey bee (Apis mellifera L) foraging ontogeny and juvenile hormone titers. J Insect Physiol, 1998, 44: 685-692.
[206]FISCHER P, GROZINGER C M. Pheromonal regulation of starvation resistance in honey bee workers (Apis mellifera). Naturwissenschaften, 2008, 95: 723-729.
[207]KAATZ H H, HILDEBRANDT H, ENGELS W. Primer effect of queen pheromone on juvenile hormone biosynthesis in adult worker honey bees. Journal of Comparative Physiology B: Biochemical, Systemic,

and Environmental Physiology, 1992, 162: 588-592.

[208]GROZINGER C M, FISCHER P, HAMPTON J E. Uncoupling primer and releaser responses to pheromone in honey bees, Naturwissenschaften, 2007, 94: 375-379.

[209]MORGAN S M, HURYN V M B, DOWNES S R, et al. The effects of queenlessness on the maturation of the honey bee olfactory system. Behav Brain Res, 1998, 91: 115-126.

[210]PANKIW T, WINSTON M L, FONDRK M K, et al. Selection on worker honeybee responses to queen pheromone (Apis mellifera L). Naturwissenschaften, 2000, 87: 487-490.

[211]MORITZ R F A, CREWE R M, HEPBURN H R. Attraction and repellence of workers by the honeybee llence of workers by the honeybee queen (Apis mellifera L), Ethology, 2001, 107, 465-477.

[212]GROZINGER C M, ROBINSON G E. Endocrine modulation of a pheromoneresponsive gene in the honey bee brain. Journal of Comparative Physiology a-Neuroethology Sensory Neural and Behavioral Physiology, 2007, 193, 461-470.

[213]VERGOZ V, MVQUILLAN H J, GEDDES L H, et al. Peripheral modulation of worker bee responses to queen mandibular pheromone. Proc Natl Acad Sci USA, 2009, 106: 20930-20935.

[214]MAKERT G R, PAXTON R J, HARTFELDER K. Ovariolenumbera predictor of differential reproductive success among worker subfamilies in queenless honeybee (Apis mellifera L) colonies. Behav Ecol Sociobiol, 2006, 60: 815-825.

[215]MORITZ R F A, HEISLER T. Super and half-sister discrimin ation by honey bee workers (Apis mellifera L) in a trophallactic bioassay. Insect Soc, 1992, 39: 365-372.

[216]HOOVER S E R, WINSTON M L, OLDROYD B P. Retinue attraction

and ovary activation: responses of wild type and anarchistic honey bees (Apis mellifera) to queen and brood pheromones. Behav Ecol Sociobiol, 2005, 59: 278-284.

[217]RENNER M, VIERLING G. Secretion of tergit glands and attractiveness of queen honeybee to drones in mating flight. Behav Ecol Sociobiol, 1977, 2: 329-338.

[218]KATZAV-GOZANSKY T, SOROKER V, HEFETZ A, et al. Plasticity of caste-specific Dufour's glandsecretion in the honey bee (Apis mel lifera L). Naturwissenschaften, 1997, 84: 238-241.

[219]KATZAV-GOZANSKY T, SOROKER V, HEFETZ A. The biosynthesis of Dufour's gland constituents in queens of the honeybee (Apis mellif era). Invertebrate Neuroscience, 1997, 3: 239-243.

[220]INBAR S, KATZAV-GOZANSKY T, HEFETZ A. Kin composition effects on reproductive competition among queenless honeybee workers. Naturwissenschaften, 2008, 95: 427-432.

[221]RATNIEKS F L W. Evidence for a queen-produced egg-marking pheromone and its use in worker policing in the honey bee. J Apicult 1995, 34: 31-37.

[222]RATNIEKS F L. Reproductive harmony via mutual policing by workers in eusocial Hymenoptera. The American Naturalist, 1988, 132: 217-236.

[223]KATZAV-GOZANSKY T, SOROKER V, IBARRA F, et al. Dufour's gland secretion of the queen honeybee (Apismellifera): an egg discri-minator pheromone or a queen signal? Behav Ecol Sociobiol, 2001, 51: 76-86.

[224]KATZAV-GOZANSKY T, SOROKER V, FRANCKE W, et al. Honeybee egg-laying workers mimic a queen signal. Insect Soc, 2003, 50: 20-23.

[225]KATZAV-GOZANSKY T, BOULAY R, SOROKER V, et al. Queen-signal modulation of worker pheromonal composition in honeybees.

Proc R Soc B-Biol Sci, 2004, 271: 2 065-2 069.

[226]MALKA O, SHNIEOR S, HEFETZ A, et al. Reversible royalty in worker honeybees (Apis mellifera) under the queen influence. Behav Ecol Sociobiol, 2007, 61: 465-473.

[227]KATZAV-GOZANSKY T, SOROKER V, HEFETZ A. Plasticity in caste-related exocrine secretion biosynthesis in the honey bee (Apismellifera). J Insect Physiol, 2000, 46: 993-998.

[228]KATZAV-GOZANSKY T, HEFETZ A, SOROKER V. Brain modulation of Dufour's gland ester biosynthesis in vitro in the honeybee (Apismellifera). Naturwissenschaften, 2007, 94: 407-411.

[229]RICHARD F J, SCHAL C, TARPY D R, et al. Effects of instrumental insemination and insemination quantity on dufour's gland chemical profiles and vitellogenin expression in honey bee queens (Apis mellifera). J Chem Ecol, 2011, 37: 1027-1036.

[230]WOSSLER T C, CREWE R M. Honeybee queen tergal gland secretion affects ovarian development in caged workers. Apidologie, 1999, 30: 311-320.

[231]PFLUGFELDER J, KOENIGER N. Fight between virgin queens (Apis-mellifera) is initiated by contact to the dorsal abdominal surface. Apidologie, 2003, 34: 249-256.

[232]PAGE R E, BLUM M S, FALES H M. O-Aminoacetophenone, a pheromone that repels honeybees (Apis mellifera L). Cell Mol Life Sci, 1988, 44: 270-271.

[233]POST D C, PAGE R E, ERICKSON E H. Honeybee (Apis mellifera L) queen feces: source of a pheromone that repels worker bees. J Chem Ecol, 1987, 13: 583-591.

[234]BREED M D, STILLER T M, BLUM M S, et al. Honeybee nestmate recognition: Effects of queen fecal pheromones. J Chem Ecol, 1992,

18：1633-1640.

[235]LEONCINI I，CRAUSER D，ROBINSON G E，et al. Worker-worker inhibition of honey bee behavioural development independent of queen and brood. Insect Soc，2004，51：392-394.

[236]PANKIW T. Worker honey bee pheromone regulation of foraging ont-ogeny. Naturwissenschaften，2004，91：178-181.

[237]LEONCINI I，LE C Y，COSTAGLIOLA G，et al. Regulation of behavioral maturation by a primer pheromone produced by adult worker honey bees. Proc Natl Acad Sci USA，2004，101：17559-17564.

[238]DUSSAUBAT C，MAISONNASSE A，ALAUX C，et al. Nosema spp. infection alters pheromone production in honey bees (Apis mellifera). J Chem Ecol，2010，36：522-525.

[239]GIRAY T，ROBINSON G E. Effects of intracolony variability in behavioral development on plasticity of division of labor in honey bee colonies. Behav Ecol Sociobiol，1994，35：13-20.

[240]PICKETT J A，WILLIAMS I H，MARTIN A P，et al. Nasonov phero-mone of the honey bee，Apis mellifera L. (Hymenoptera：Apidae). J Chem Ecol，1980，6：425-434.

[241]WILLIAMS I H，PICKETT J A，MARTIN A P. The Nasonov pheromone of the honeybee Apis mellifera L. (Hymenoptera，Apidae). Part II. Bioa ssay of the components using foragers. J Chem Ecol，1981，7：225-237.

[242]PICKETT J A，WILLIAMS I H，SMITH M C，et al. Nasonov pheromone of the honey bee，Apis mellifera L. (Hymenoptera，Apidae). part III. J Chem Ecol，1981，7：543-554.

[243]WILLIAMS I H，PICKETT J A，MARTIN A P. Attraction of honey bees to flowering plants by using synthetic Nasonov pheromone. Entomol Exp Appl，1981，30：199-201.

[244]SCHMIDT J O, SLESSOR K N, WINSTON M L. Roles of Nasonov and queen pheromones in attraction of honeybee swarms. Naturwis senschaften, 1993, 80: 573-575.

[245]SCHMIDT J O. Attractant or pheromone: The case of Nasonov secretion and honeybee swarms. J Chem Ecol, 1999, 25: 2051-2056.

[246]BREED M D, ROBINSON G E, PAGE R E. Division of labor during honey bee colony defense. Behav Ecol Sociobiol, 1990, 27: 395-401.

[247]ARECHAVALETA-VELASCO M E, HUNT G J. Genotypic variation in the expression of guarding behavior and the role of guards in the defensive response of honey bee colonies.Apidologie, 2003, 34: 439-447.

[248]WAGER B R, BREED M D. Does honey bee sting alarm pheromone give orientation information to defensive bees? Ann Entomol Soc Am, 2000, 93: 1329-1332.

[249]COSTA H, TALORA D C, PALMA M S, et al. Chemicalcommunication in Apis mellifera: temporal modulation of alarm behaviors. Journal of Venomous Animals and Toxins. 1996, 2: 39-45.

[250]MORITZ R F A, BüRGIN H. Group response to alarm pheromones in social wasps and the honeybee. Ethology, 1987, 76: 15-26.

[251]LENSKY Y, CASSIER P, TELZUR D. The setaceous membrane of honey bee (Apis mellifera L) workers sting apparatus: structure and alarm pheromone distribution. J Insect Physiol, 1995, 41: 589-595.

[252]PICKETT J A, WILLIAMS I H, MARTIN A P. (Z)-11-eicosen-1-ol, an important new pheromonal component from the sting of the honey bee, Apis mellifera L. (Hymenoptera, Apidae). J Chem Ecol, 1982, 8: 163-175.

[253]HUNT G J, WOOD K V, GUZMAN-NOVOA E, et al. Discovery of 3-methyl-2-buten-1-ylacetate, a new alarm component in the sting apparatus of Africanized honeybees. J Chem Ecol, 2003, 29, 453-463.

[254]COLLINS A M, BLUM M S. Alarm responses caused bynewly identified compounds derived from the honeybee sting. J Chem Ecol, 1983, 9: 57-65.

[255]HUNTJ G J, COLLINS A M, RIVERA R, et al. Quantitative trait loci influencing honeybee alarm pheromone levels. J Hered, 1999, 90: 585-589.

[256]COLLINS A M, BROWN M A, RINDERER T E, et al. Heritabilities of honey-bee alarm pheromone production. J Hered, 1987, 78: 29-31.

[257]ROBINSON G E. Effects of a juvenile hormone analogue on honey bee foraging behaviour and alarm pheromone production. J Insect Physiol, 1985, 31: 277-282.

[258]KASTBERGER G, THENIUS R, STABENTHEINER A, et al. Aggressive and docile colony defence patterns in Apis mellifera: Aretreater-releaser concept. J Insect Behav, 2009, 22: 65-85.

[259]HARRIS J W, WOODRING J. Effects of dietary precursors to biogenic amines on the behavioural response from groups of caged worker honey bees (Apis mellifera) to the alarm pheromone component isopentyl acetate. Physiol Entomol, 1999, 24: 285-291.

[260]BALDERRAMA N, NUNEZ J, GUERRIERI F, et al. Different functions of two alarm substances in the honeybee. Journal of Comparative Physiology a-Neuroethology Sensory Neural and Behavioral Physiology, 2002, 188, 485-491.

[261]NUNEZ J,ALMEIDA L,BALDERRAMA N,et al. Alarmpheromone induces stress analgesia via an opioid system in the honeybee. Physiol Behav, 1997, 63: 75-80.

[262]ALAUX C, SINHA S, HASADSRI L, et al. Honey bee aggression supports a link between gene regulation and behavioral evolution. Proc Natl Acad Sci USA, 2009, 106: 15400-15405.

[263]WYATT T D. Pheromones and signaturemixtures: defining species-wide signals and variable cues for identity in both invertebrates and vertebrates. Journal of Comparative Physiology a-Neuroethology Sensory Neural and Behavioral Physiology, 2010, 196: 685-700.
[264]FAN Y L, RICHARD F J, ROUF N, et al.Effects of queen mandibular pheromone on nestmate recognition in worker honeybees, Apis mellifera. Anim Behav, 2010, 79: 649-656.
[265]RANGEL J, MATTILA H R, SEELEY T D. No intracolonial nepotism during colony fissioning in honey bees. Proc R Soc B-BiolSci, 2009, 276: 3895-3900.
[266]BREED M D, DIAZ P H, LUCERO K D. Olfactory information processing in honeybee, Apis mellifera, nestmate recognition. Anim Behav, 2004, 68: 921-928.
[267]BREED M D, PERRY S, BJOSTAD L B. Testing the blank slate hypothesis: why honey bee colonies accept young bees. Insect Soc, 2004, 51: 12-16.
[268]DANI F R, JONES G R, CORSI S, et al. Nestmate recognition cues in the honey bee: Differential importance of cuticular alkanes and alk enes. Chem Senses, 2005, 30: 477-489.
[269]LE C Y, BECARD J M, COSTAGLIOLA G, et al. Larval salivary glands are a source of primer and releaser pheromone in honey bee (Apismellifera L). Naturwissenschaften, 2006, 93: 237-241.
[270]DRELLER C, PAGE R E, FONDRK M K. Regulation of pollen fora ging in honeybee colonies: effects of young brood, stored pollen, and empty space. Behav Ecol Sociobiol, 1999, 45: 227-233.
[271]HUANG Z Y, OTIS G W, TEAL P E A. Nature of brood signalactiv ating the protein synthesis of hypopharyngeal gland in honey bees, Apis mellifera (Apidae: Hymenoptera). Apidologie, 1989, 20: 455-464.

[272]LE CONTE Y, SRENG L, TROUILLER J. The recognition of larvae by worker honeybees. Naturwissenschaften, 1994, 81: 462-465.

[273]TROUILLER J, ARNOLD G, LE C Y, et al. Temporal pheromonal and kairomonal secretion in the brood of honeybees. Naturwissenschaften, 1991, 78: 368-370.

[274]LE C Y, SRENG L, SACHER N, et al. Chemical recognition of queen cells by honey bee workers Apis mellifera (Hymenoptera: Apidae). Chemoecology. 1994, 5, 6-12.

[275]LE C Y, SRENG L, POITOUT S H. Brood pheromone can modulate the feeding behavior of Apis mellifera workers (Hytnenoptera: Apidae). J Econ Entomol, 1995, 88: 798-804.

[276]PANKIW T, PAGE R E. Brood pheromone modulates honeybee (Apis mellifera L,.) sucrose response thresholds. Behav Ecol Sociobiol, 2001, 49: 206-213.

[277]PANKIW T. Brood pheromone modulation of pollen forager turnaround time in the honey bee (Apis mellifera L). J Insect Behav, 2007, 20, 173-180.

[278]MOHAMMEDI A, CRAUSER D, PARIS A, et al. Effectof a brood pheromone on honeybee hypopharyngeal glands. Comptes Rendus De L Academie Des Sciences Serie Iii-Sciences De La Vie-Life Sciences, 1996, 319: 769-772.

[279]LE C Y, MOHAMMEDI A, ROBINSON G E. Primer effects of a brood pheromone on honeybee behavioural development. Proc R Soc B-Biol Sci, 2001, 268: 163-168.

[280]PANKIW T, ROMAN R, SAGILI R R, et al. Pheromone-modulated behavioral suites influence colony growth in the honey bee (Apis mell ifera). Naturwissenschaften, 2004, 91: 575-578.

[281]PANKIW T, SAGILI R R, METZ B N. Brood pheromone effects on

colony protein supplement consumption and growth in the honey bee (Hymenoptera: Apidae)in a subtropical winter climate. J Econ Entomol, 2008, 101: 1749-1755.

[282]SAGILI R R, PANKIW T. Effects of brood pheromone modulated brood rearing behaviors on honey bee (Apis mellifera L.) colony growth. J Insect Behav. 2009, 22: 339-349.

[283]OLDROYD B P, WOSSLER T C, RATNIEKS F L W. Regulation of ovary activation in worker honey-bees (Apis mellifera): larval signal production and adult response thresholds differ between anarchistic and wild-type bees. Behav Ecol Sociobiol, 2001, 50: 366-370.

[284]BARRON A B, SCHULZ D J, ROBINSON G E. Octopamine modulates responsiveness to foraging-related stimuli in honey bees (Apis mellifera). Journal of Comparative Physiology a-Neuroethology Sensory Neural and Behavioral Physiology, 2002, 188: 603-610.

[285]ALAUX C, LE C Y, ADAMS H A, et al. Regulation of brain gene expression in honey bees by brood pheromone. Genes Brain and Behavior, 2009, 8: 309-319.

[286]BLOCH G, GROZINGER C M. Social molecular pathways and the evolution of bee societies. Philosophical Transactions of the Royal Society B-Biological Sciences, 2011, 366: 2155-2170.

[287]MASTERMAN R, ROSS R, MESCE K, et al. Olfactory and behavioral response thresholds to odors of diseased brood differ between hygienic and non-hygienic honey bees (Apis mellifera L). Journal of Comparative Physiology a-Sensory Neural and Behavioral Physiology, 2001, 187: 441-452.

[288]TORTO B, BOUCIAS D G, ARBOGAST R T, et al. Multitrophic interaction facilitates parasite-host relationship between an invasive beetle and the honey bee. Proc Natl Acad Sci USA, 2007, 104:

8374-8378.
[289]ARBOGAST R T, TORTO B, VAN E D , et al. An effective trap and bait combination for monitoring the small hive beetle, Aethina Tumida (Coleoptera: Nitidulidae). Fla Entomol, 2007, 90: 404-406.
[290]SUAZO A, TORTO B, TEAL P E A, et al. Response of the small hive beetle (Aethina tumida) to honey bee (Apis mellifera) andbeehive-produced volatiles. Apidologie, 2003, 34: 525-533.
[291]PERNAL S F, BAIRD D S, BIRMINGHAM A L, et al. Semiochemicals influencing the host-finding behaviour of Varroa destructor. Exp Appl Acarol, 2005, 37: 1-26.
[292]LE C Y, ARNOLD G, TROUILLER J, et al. Attraction of the parasitic mite varroa to the drone larvae of honey bees by simple aliphatic esters. Science, 1989, 245: 638-639.
[293]TROUILLER J, ARNOLD G, CHAPPE B, et al. Semiochemical basis of infestation of honey bee brood by Varroa jacobsoni. J Chem Ecol, 1992, 18: 2041-2053.
[294]BOOT W J. Methyl palmitate does not elicit invasion of honeybee brood cells by Varroa mites. Exp Appl Acarol, 1994, 18: 587-592.
[295]NAZZI F, MILANI N, DELLA V G, et al. Semiochemicals from larval food affect the locomotory behaviour of Varroa destructor. Apidologie, 2001, 32: 149-155.
[296]CALDERONE N W, LIN S. Behavioural responses of Varroa destructor (Acari: Varroidae) to extracts of larvae, cocoons and brood food of worker and drone honey bees, Apis mellifera (Hymenoptera: Apidae). Physiol Entomol, 2001, 26: 341-350.
[297]DONZE G, SCHRYDER-CANDRIAN S, BOGDANOV S, et al. Aliphatic alcohols and aldehydes of the honey bee cocoon induce arrestment behavior in Varroa jacobsoni (Acari : Mesostigmata), an ectoparasite of

Apis mellifera. Arch Insect Biochem，1998，37：129–145.
[298]FUCHS S. Preference for drone brood cells by Varroa jacobsoni Oud. in colonies of Apis mellifera carnica，1990，21：3.
[299]CALDERONE N W，LIN S，KUENEN L P S. Differential infestation of honey bee，Apis mellifera，worker and queen brood by the parasitic mite Varroa destructor. Apidologie，2002，33：389–398.
[300]BOOT W J，CALIS J N，BEETSMA J. Differential periods of Varroa mite invasion into worker and drone cells of honey bees. Exp Appl Acarol，1992，16：295–301.
[301]TROUILLER J，ARNOLD G，CHAPPE B，et al. The kairomonal esters attractive to the Varroa jacobsoni mite in the queen brood. Apidologie，1994，25：314–314.
[302]MORETTO G，MELLO L J. Varroa jacobsoni infestation of adult Africanized and Italian honey bees (Apis mellifera) in mixed colonies in Brazil. Genet Mol Biol，1999，22：321–323.
[303]AUMEIER P，ROSENKRANZ P，FRANCKE W. Cuticular volatiles，attractivity of worker larvae and invasion of brood cells by Varroa mites. A comparison of Africanized and European honey bees. Chemoecology，2002，12：65–75.
[304]HUANG M H，GRANDI–HOFFMAN G，BLANC B. Comparisons of the queen volatile compounds of instrumentally inseminated versus naturally mated honey bee (Apis mellifera)queens. Apidologie，2009，40：464–471.
[305]THOM C，GILLEY D C，HOOPER J，et al. The scent of the waggle dance. Plos Biology，2007，5：1862–1867.